FORSCHUNGSBERICHTE
DES LANDES NORDRHEIN-WESTFALEN

Herausgegeben durch das Kultusministerium

Nr. 916

Dipl.-Ing. Hans-Joachim Crasemann

Forschungsstelle Blechbearbeitung am Institut für Werkzeugmaschinen
und Umformtechnik der Technischen Hochschule Hannover
Direktor: Prof. Dr.-Ing., Dr.-Ing. E. h. O. Kienzle

Im Auftrage der Forschungsgesellschaft Blechverarbeitung e. V., Düsseldorf

Der offene, kreuzende Scherschnitt an Blechen

Als Manuskript gedruckt

WESTDEUTSCHER VERLAG / KÖLN UND OPLADEN

1960

ISBN 978-3-663-03390-5 ISBN 978-3-663-04579-3 (eBook)
DOI 10.1007/978-3-663-04579-3

G l i e d e r u n g

Die vorliegende Arbeit bildet einen Baustein in der Reihe der Untersuchungen, die das Institut für Werkzeugmaschinen und Umformtechnik der Technischen Hochschule Hannover für die Forschungsgesellschaft Blechverarbeitung e.V., Düsseldorf, unternommen hat. Das Forschungsvorhaben hat die Unterstützung des Landes Nordrhein-Westfalen und der Deutschen Forschungsgemeinschaft gefunden. Ihnen sei an dieser Stelle der gebührende Dank ausgesprochen.

Meinem Lehrer, Herrn Professor Dr.-Ing., Dr.-Ing. E.h. O.KIENZLE danke ich für die Anregung zu dieser Arbeit sowie für seine Unterstützung. Herrn Professor SCHWERDTFEGER verdanke ich wertvolle Hinweise zur Versuchsauswertung.

Eine Reihe von Werken stellte für die Versuche kostenlos Vorrichtungen und Werkzeuge her und spendete die Versuchswerkstoffe. Den Firmen

Wagner & Co., Werkzeugmaschinenfabrik, Dortmund,
Klingelnberg, W.Ferd.Klingelnberg & Söhne, Remscheid-Berghausen,
Vereinigte Leichtmetall-Werke, GmbH., Bonn,
Stahlwerke Südwestfalen AG., Geisweid Krs.Siegen,
Salzgitter Hüttenwerke AG., Salzgitter-Drütte

sei an dieser Stelle besonders gedankt.

Verzeichnis der Abkürzungen

		Abstand der Angriffspunkte zwischen P_{123} und P^{x}_{123}:
	a_1	in der P.a.d. Schnittebene, senkrecht zur Werkstückmittelebene,
	a_2	in der P.a.d. Schnittebene und Werkstückmittelebene,
	a_3	senkrecht zur Schnittebene, in der P.a.d. Werkstückmittelebene
B		Stückbreite
	c_w	Kenngröße für den Werkstückstoff
F		Scherquerschnitt
F_s		Schneidquerschnitt
	f_A	Abstand des Angriffspunktes von P_1 von der gemeinsamen Normalen der Schneidkanten in der P.a.d. Werkstückmittelebene
	f_E	Abstand des Eingriffspunktes von der gemeinsamen Normalen der Schneidkanten in der P.a.d. Werkstückmittelebene
	k_s	Schneidwiderstand
	k_{s10}	spezifischer Schneidwiderstand
L_{H2}		Abstand des Blechhalters von der gemeinsamen Normalen der Schneidkanten in der P.a.d. Werkstückmittelebene
	l	Schnittlänge
M_d		Antriebsmoment eines Kreismessers
	m	Breite der Abschiebzone am Werkstück
	n	Breite der Reißzone am Werkstück
	o	Abstand der Kreismessermittelpunkte in der P.a.d. Werkstückmittelebene
P_{123}		resultierende Schneidkraft im Raum
P_{12}		resultierende Schneidkraft in der P.a.d. Schnittebene
P_1		Hauptschneidkraft
P_{10}		spezifische Hauptschneidkraft
P_2		Fortschreitkraft
P_3		Abdrängkraft
	p	Flächenpressung
Q		Abstand der Kreismessermittelpunkte voneinander
	q	Abstand des Kreismessermittelpunktes von der Langmesserschneidkante

---

P.a.d. = Projektion auf die....

R	Kreismesserhalbmesser
r	Abstand des Momentanpoles von der Schneidkante
s	Werkstückdicke
U	Überdeckung (wenn negativ = Einzugsspalt)
u	Schneidspalt
w	resultierende Schneidgeschwindigkeit
v_2	Fortschreitschneidgeschwindigkeit
α_a	Freiwinkel
β_a	Keilwinkel
γ_a	Druckwinkel
δ_a	Schränkungswinkel
$\varkappa_a$	Gehrungswinkel
λ_a	Neigungswinkel
Λ_a	Einlaufwinkel
μ_1	Reibungsbeiwert an den Druckflächen der Schneidkanten
μ_3	Reibungsbeiwert an den Freiflächen der Schneidkanten
μ_o	Reibungsbeiwert beim Schnitt ohne Schmierung
σ	Normalspannung
σ_B	Bruchfestigkeit des Werkstückstoffes
τ	Schubspannung
φ_a	Eingriffswinkel
φ_{aA}	Eingriffswinkel im Angriffspunkt von P_{123}
ψ	Winkel zwischen Einriß und Verbindungslinie der Schneidkanten in der Ebene senkrecht zur Schnitt- und Werkstücksebene
ω	Winkelgeschwindigkeit der Kreismesser
x	angekreuzte Größen beziehen sich auf das Untermesser
Zeiger i	Größen kommen an beiden Messern vor und können verschieden groß sein
Zeiger o	Bezugswert der betreffenden Größe

Begriffe:

Schneidverfahren:

Schneiden
Scherschnitt
Messerschnitt
Beißschnitt
offener Schnitt
geschlossener Schnitt
vollkantiger Schnitt
kreuzender Schnitt
Druckschnitt
ziehender Schnitt

Kurvenschnitt
Gehrungsschnitt
Besäumschnitt
Teilschnitt
Langmesserschnitt
Kreis-Langmesserschnitt
Kreismesserschnitt

Wirkpaar:

Schneidebene
Schneidnormalebene
Schnittebene
Werkstückmittelebene
Schnittufer

Krafteinleitzone
Außenkraftfreie Zone
Schnittzone – Abschiebzone / Reißzone

Werkzeug

Schneide
Schneidkante
Druckfläche
Freifläche

Werkstück

Schnittlinie
Schnitteil
Schnittkante
Schnittfläche – Abschiebfläche / Reißfläche

Riß I.Art, II.Art, III.Art
Zipfel
Schuppe
Schabspan
Grat

0.1 Einführung

In der Blechbearbeitung ist das Schneiden das am häufigsten vorkommende Bearbeitungsverfahren. Von den drei Schneidverfahren, dem Scherschnitt, Messerschnitt und Beißschnitt [28] kommt dem Scherschnitt in der Erzeugung und der Weiterbearbeitung des Bleches die größte Bedeutung zu. In Walzwerken besäumen Scheren die ungeraden Walzränder und zerteilen die gewalzten Bänder in Tafeln oder Streifen. Die Weiterbearbeitung des Bleches beginnt wieder mit dem Schneiden. Vor dem Umformen des Bleches zu räumlichen Gebilden werden aus den Tafeln die Werkstücke zwischen Stempel und Schneidplatte ausgeschnitten oder auf Tafelscheren abgetrennt. Nach dem Umformen trennen Scherschnitte die Ziehränder von Ziehteilen ab und bringen die vorgesehenen Durchbrüche ein.

Beim Scherschnitt kennen wir zwei Arten:

a) den <u>geschlossenen Schnitt</u> zwischen Stempel und Schneidplatte; hierbei bilden die Projektionen der Schneidkanten auf der Werkstückoberfläche geschlossene Linien.
b) den <u>offenen Schnitt</u> zwischen den Schneidkanten zweier Messer, hierbei schneiden die Projektionen der Schneidkanten auf der Werkstückoberfläche diese mindestens an einem Rand.

Der offene Schnitt wird zwischen verschiedenartigen Werkzeugpaaren verwirklicht, nämlich

a) zwischen zwei Langmessern,
b) zwischen einem Langmesser und einem Kreismesser,
c) zwischen zwei Kreismessern.

In dieser Arbeit wird über eigene experimentelle Untersuchungen zu b) und c) berichtet. Zu a) werden Arbeiten Dritter ausgewertet und das Ganze zu einer einheitlichen Betrachtung verschmolzen.

Über den offenen Scherschnitt wurden im Vergleich zum geschlossenen Schnitt bisher nur wenige Arbeiten veröffentlicht; sie erstrecken sich fast ausschließlich auf die Schnittart a). Mit den Schnittarten b) und c) betreten wir deshalb wissenschaftliches Neuland. Die Schnittart b), obwohl wirtschaftlich weniger bedeutend als c), erlaubt den Anschluß an die bekannten Untersuchungen über den Langmesserschnitt.

Um die Grenzen in der praktischen Anwendung der in der Aufgabenstellung behandelten Verfahren zu erfassen und alle Untersuchungen, welche auf verwandten Gebieten aus dem Schrifttum bekannt geworden sind, hinzuzuziehen, galt es, eine systematische Übersicht über die Schneidverfahren des offenen Schnittes auszuarbeiten. Sie wurde im Abschnitt 1 auf der Grundlage der Geometrie und Kinematik dargelegt und erfaßt gleichzeitig alle zur Beschreibung des Schneidvorganges erforderlichen Längen und Winkel am Wirkpaar (Werkzeug/Werkstück).

Für die Versuche mit zwei Kreismessern und Kreis-Langmesser wurde eine eigene Einrichtung konstruiert, mit der die Schneidkräfte und Momente gleichzeitig gemessen werden konnten (Abschn.2).

Die Untersuchung des Schneidvorganges (Abschn.3) erstreckt sich auf die Kräfte im Wirkpaar und gibt uns Auskunft über die Beanspruchung des in Trennung befindlichen Werkstückquerschnittes. Damit stellt sie gleichzeitig die Grundlage für die darauf folgende Betrachtung der im Scherquerschnitt ablaufenden Vorgänge dar. Letztere ist von praktischer Bedeutung, weil sie Antwort auf die Frage nach der Ursache der Gratbildung, Zipfelbildung und andere die Sauberkeit der Schnittkante beeinträchtigenden Erscheinungen gibt.

Der vierte Abschnitt liefert auf Grund zahlreicher Versuche und der Auswertung des Schrifttums eine neue Grundlage für die Bestimmung der Schneidkräfte für einen Blechdickenbereich von 0,5 bis 10 mm.

Die Untersuchungsverfahren und Versuche wurden auf die Teilaufgaben abgestimmt, sie werden daher nicht geschlossen dargestellt, sondern in den einzelnen Abschnitten angeführt.

Für die Darstellung der Ergebnisse mußte eine Anzahl neuer Begriffe gebildet werden. Soweit diese sich auf das Werkzeug beziehen, wurden sie vom Stammwort "Schneiden" und soweit sie das Werkstück betreffen, vom Stammwort "Schnitt" abgeleitet. Sie sind im Verzeichnis der Abkürzungen aufgenommen.

0.2 Begriff "Schneiden" und Stellung des Schneidens innerhalb der Verfahren der Fertigungstechnik

Die untersuchten Schneidverfahren wurden mit den übergeordneten Verfahrensgruppen zusammen in Form eines Stammbaumes dargestellt (Tab.1), aus dem ihre Stellung innerhalb der Verfahren der Fertigungstechnik erkenntist.

Das Schneiden leitet sich von dem Fertigungsverfahren "Trennen" ab, welches bezüglich der geometrischen Veränderungen des Werkstückes als Klasse neben den Klassen Urformen, Umformen, Fügen und Veredeln steht [29].

<u>T a b e l l e 1</u>

Stellung des Schneidens innerhalb der Verfahren der Fertigungstechnik

Ordnungsgesichtspunkt		Untersuchter Teilabschnitt		
Fertigungsverfahren	Geometrische Veränderungen des Werkstückes [29]	Urformen — Umformen —	Trennen	— Fügen — Veredeln
	Physikalische u. chemische Vorgänge des Verfahrens [29]	Zustandsänderung (z.B. Brennschneiden)	Stofftrennen	Chemische Umwandlung (z.B. Ätzen)
	Äußere Beanspruchung des Werkstückes	Zerreißen (Zug)	Schneiden im weiteren Sinn	Brechen (vornehml. Biegg.) Spalten (Druck-Biegg.)
	Art des abgetrennten Teiles	Spanen (Span)	Zerschneiden im engeren Sinn (Stück, Saum)	Schälen (Haut)
Werkzeug	Anzahl der Schneiden und Bewegung der Schneiden zu einander [28]	Messerschnitt (1 Schneide)	Scherschnitt (2 Schneiden die sich aneinand. vorbei bewegen)	Beißschnitt (2 Schneiden die sich aufeinander zu bewegen
	Form der Schneiden in der Projektion auf die Werkstückebene	geschlossener Schnitt	offener Schnitt	
Maschine	Wirkungsweise	Langmesserschnitt	Kreis-Langmesserschnitt	Kreismesserschnitt

In bezug auf die physikalischen und chemischen Vorgänge ist es der Gruppe "Stofftrennen" zuzurechnen [29], in die nach dem Ordnungsgesichtspunkt "Äußere Beanspruchung des Werkstückes" außerdem die Verfahren Zerreißen, Brechen und Spalten fallen. Gegenüber diesen Verfahren wird das Schneiden im weiteren Sinne durch die Definition von STROPPEL [1] abgegrenzt:

> "Das Schneiden ist ein mechanischer Trennvorgang an einem festen Körper mittels eines Schneidwerkzeuges, dessen keilförmige Schneide unter Druck (Schnittdruck) den Verband des zu trennenden Körpers infolge hoher spezifischer Normal- und Schubkräfte längs der Schneidkante auflöst und dabei fortlaufend in einer bestimmten Richtung (Schnittrichtung) in den Körper eindringt. Es entstehen dabei in der Regel zwei Schnittflächen".

Damit werden die näher verwandten Verfahren des Trennens: Spanen, Schälen und Zerschneiden (Schneiden im engeren Sinn) in eine Gruppe eingeordnet.

Zwischen dem Zerschneiden und dem Spanen bzw. Schälen besteht ein grundsätzlicher Unterschied in der Beanspruchung des im Schnitt befindlichen Werkstoffes. Beim Schneiden befindet sich in der Bewegungsrichtung der vordringenden Schneide ein Werkstoffstreifen, der gegenüber der Breite des abzutrennenden Stückes dünn ist. Hierdurch kommt es nach anfänglicher Verformung der vor den Schneiden liegenden Werkstoffteile zur Entstehung von Rissen, die den vordringenden Schneiden, wie später gezeigt wird, voreilen und die restliche Trennung vollziehen. Das äußere Merkmal sind zwei verschieden aussehende Trennzonen an beiden entstandenen Schnittflächen, eine Eigenschaft, die den durch Spanen erzeugten Flächen fehlt. Danach wird das Schneiden im engeren Sinn durch folgende Definition von dem Spanen und Schälen abgegrenzt:

> Das Zerschneiden (Schneiden im engeren Sinn) ist ein Trennvorgang, bei dem ein oder zwei Schneiden in den zu trennenden Körper in einer Richtung dringen, in der die Werkstofftiefe gegenüber der Breite des abzutrennenden Stückes klein ist.

Diese Definition stimmt mit der Einbeziehung des Besäumens in das "klassische" Verfahren des Schneidens als dem Zerteilen von Werkstoff in Stücke überein.

Von den drei in der Anzahl der Schneiden und ihrer Stellung zueinander sich unterscheidenden Schneidverfahren, dem Scherschnitt, Messerschnitt und Beißschnitt, ist ein Teilgebiet des Scherschnittes, nämlich wie vorher erwähnt, der offene Schnitt Gegenstand dieser Arbeit. Ihn unterteilen wir nach der Wirkungsweise der Scheren und der Werkzeugform in den

> Langmesserschnitt: Das Blech wird während eines Hubes zwischen zwei Langmessern auf einer durch die Messerlänge begrenzten Schnittlänge geschnitten.
>
> Kreis-Langmesserschnitt: Das Blech wird zwischen einem sich drehenden Kreismesser und einem Langmesser auf einer durch die Länge des Langmessers begrenzten Schnittlänge geschnitten.
>
> Kreismesserschnitt: Das Blech wird zwischen zwei sich drehenden Kreismessern auf einer durch die Werkzeuge unbegrenzten Länge geschnitten.

0.3 Bedeutung der Kreismesserscheren und Kreis-Langmesserscheren

Kreismesserscheren finden wir vornehmlich an den Adjustagestrecken von Bandwalzwerken, da sie sich dem durch die Walzen bestimmten kontinuierlichen Werkstofffluß anpassen. Sie schneiden als sogenannte Besäumscheren die ungeraden Ränder der gewalzten Bänder ab und zerteilen als Teilscheren (Streifenscheren) die Bänder in schmalere Streifen. In der Weiterbearbeitung des Bleches verwendet man Kreismesserscheren zum Ausschneiden größerer krummlinig begrenzter Werkstücke, deren Stückzahl nicht so groß ist, daß sich die Anfertigung von geschlossenen Schnittwerkzeugen lohnen würde. Sie stehen u.a. in Kesselbaufirmen, in denen sie als sogenannte Rondenscheren Kesselböden und Flanschringe ausschneiden.

Im Gegensatz zu den Kreismesserscheren ist die Schnittlänge von Kreis-Langmesserscheren durch die Länge des Langmessers begrenzt. Gegenüber den Langmesserscheren haben sie aber den Vorzug, daß die Führung des beweglich ausgeführten Kreismessers bei großen Schnittlängen einfacher und billiger ist als die eines Langmessers. Deshalb werden Kreis-Langmesserscheren vornehmlich für große Schnittlängen gebaut. Sie kommen u.a. beim Zuschneiden von Mänteln zu Großbehältern und Kesseln, Rohren und von Schiffsblechen vor und stehen im Wettbewerb mit den im Anschaffungspreis sehr viel billigeren Brennschneidmaschinen; sie sind wegen ihrer etwa 10 bis 20mal größeren Schneidgeschwindigkeit diesen wirtschaftlich überlegen, sofern sie genügend hoch ausgenutzt werden.

0.4 Übersicht über das Schrifttum

Von den mehr als hundert Veröffentlichungen, die dem Verfasser über den Scherschnitt von Blechen bekannt geworden sind, beziehen sich nur neunzehn Arbeiten auf den offenen Schnitt, während die übrigen verschiedene Probleme des Schneidvorganges zwischen Stempel und Schneidplatte behandeln. Von ihnen sind für die vorliegende Arbeit hauptsächlichst diejenigen von Interesse, die den Beanspruchungszustand des Schneidgutes und die während des Schneidens im Werkstück ablaufenden Vorgänge beschreiben [2 bis 9]. Hier sind in erster Linie die Arbeiten von O. KIENZLE [2], TIMMERBEIL [3] und LEHMANN [4] zu nennen.

TIMMERBEIL [3] verfolgt die Verformung der Werkstofffasern in der Schnittzone und stellt fest, daß der Werkstoff nach anfänglicher Verformung infolge Überschreitens seiner Verformungsfähigkeit von den Schneidkanten aus einreißt, wobei der Riß der Schneide vorauseilt. Durch Härtemessungen gelingen ihm genauere Angaben über die Werkstoffverfestigung und die damit zusammenhängende Entstehung des Grates. Auf Grund der von ihm aufgezeigten Verformungen der Werkstoffasern und der Gleitung des Werkstoffes an den Stirnflächen der Werkzeuge beschreibt LEHMANN den Spannungszustand im Scherquerschnitt [4].

Die Arbeiten, die über den offenen Schnitt von Blechen bekannt geworden sind [10 bis 27], untersuchen vornehmlich die Schneidkräfte beim Schnitt zwischen geraden Schneidkanten. Die vorliegende Arbeit knüpft, soweit sie die Schneidkräfte behandelt, an die Arbeiten von KLOTZ [10] und KELLER [11] an, die die Schneidkräfte an geraden Schneidkanten in Abhängigkeit von der Blechdicke maßen. KLOTZ bestimmte die Kräfte bei Eingriffswinkeln zwischen Obermesser und Werkstück von 0 und $6^{\circ}25'$ und untersuchte zusätzlich den Einfluß des Messerkeilwinkels β_a sowie der Breite des Schnitteiles. KELLER verändert bei seinen Versuchen den Eingriffswinkel von 0 bis 11° und untersucht die Einwirkung des Schneidspaltes auf die Kraft. Schließlich bestimmte BIRKLE [12] über Leistungsmessungen an einer Langmesserschere den Einfluß der Breite des Schnitteiles auf die Schneidkraft. Da sich die Versuche der drei Arbeiten gut ergänzen und im Rahmen der Versuchsgenauigkeit auch gegenseitig bestätigen, konnten sie zum Vergleich mit den in dieser Arbeit gemessenen Kräften an Kreis-Langmesser- und Kreismesserscheren herangezogen werden.

Die aufschlußreichen Vergleiche von SWIFT und CHANG [13] zwischen der Schneidkraft und den Vorgängen im Werkstoff beim vollkantigen Schnitt halfen die Flächenpressung an den kreuzend im Eingriff stehenden Schneiden der untersuchten Scheren abzuschätzen. Die ebenfalls am vollkantigen Schnitt angestellten Untersuchungen von LUEG und MÜLLER [14] erstreckten sich auf das Schneiden von Blechen bei 700° bis 1200°C. Die bei diesen z.T. unterhalb der Rekristallisationsgrenze liegenden Temperaturen festgestellte Einwirkung der Schneidgeschwindigkeit auf die Kraft war Anlaß, durch Stichversuche zu prüfen, wie weit die Durchlaufgeschwindigkeit der Bleche durch die Kreismesser den Schneidvorgang beeinflußt.

Über die Kräfte an Kreismesserscheren ist dem Verfasser nur eine amerikanische Arbeit [26] aus dem Jahre 1944 bekannt geworden. Dort werden die Kräfte aus Leistungsmessungen an Kreismesserscheren für den Schnitt von verschieden dicken Feinblechen berechnet. Da weder der Angriffspunkt noch die Richtung der Schneidkraft versuchsmäßig bestimmt wurden, konnte aus diesen Messungen die Kraft nur ungenau ermittelt werden, zumal es auch nur überschlägig möglich war, die Reibungsverluste in der Schere und die elektrischen Verluste im Antriebsmotor abzuschätzen. Auch ist aus der Arbeit nicht die Stellung der Kreismesser zueinander zu entnehmen, so daß die Ergebnisse nicht mit den vorliegenden verglichen werden konnten.

0.5 Umgrenzung der Aufgabe

An den in dieser Arbeit untersuchten Schneidverfahren ist eine große Anzahl von Einflußgrößen beteiligt, die sich auf

051 die Geometrie und Kinematik des Wirkpaares
052 die Wirkungsweise der Maschine
053 die Werkstoffe des Werkzeuges und des Werkstückes

erstrecken. Angesichts dieser Mannigfaltigkeit kann es nicht Gegenstand dieser Arbeit sein, die Einwirkung aller Einflußgrößen zu untersuchen. Die zu variierenden Größen wurden nach ihrer Bedeutung für den praktischen Scherenbau einerseits und den Schneidvorgang andererseits ausgewählt. In erster Linie ging es dem Verfasser um die qualitative Erfassung des Schneidvorganges, die in einem wesentlichen Punkt, nämlich den Schneidkräften, durch eine quantitative Erfassung ergänzt wurde.

0.51 Geometrie und Kinematik des Wirkpaares

Hinsichtlich der Geometrie erstreckten sich die Untersuchungen auf die Erzeugung geradliniger Schnittflächen, die zur Werkstückoberfläche rechtwinklig stehen.

Da an der überwiegenden Zahl der in den Betrieben benutzten Kreismesserscheren beide Werkzeuge den gleichen Halbmesser besitzen, wurde hauptsächlich dieser Sonderfall betrachtet und dabei am Werkzeug der Einfluß des

Halbmessers R
Eingriffswinkels φ_a
Schneidspaltes u

und am Werkstück der Einfluß

der Blechdicke s

untersucht.

Beim Kreis-Langmesserschnitt wurden darüber hinaus der Einwirkung des Messerkeilwinkels β_a und der Breite der abgeschnittenen Schnitteile B auf den Schneidvorgang nachgegangen.

0.52 Wirkungsweise der Maschine

An Kreismesserscheren kommen verschiedene Blechhalterungen zur Anwendung. Am häufigsten wird das Blechband zwischen zwei Rollen geführt, die zur Mittelebene symmetrisch vor den beiden Schneidkanten angeordnet sind. Bisweilen trifft man an Besäumscheren auch hinter den Kreismessern liegende Rollenführungen an oder das Blech wird auf einem Tisch aufgespannt, an dem die Kreismesser vorbeigeführt werden.

Bei den Versuchen wurde das Blech vor den Kreismessern zwischen zwei mitlaufenden Rollen geführt und beide Kreismesser über Kettenräder und Kette angetrieben. Bei der Untersuchung des Kreis-Langmesserschnittes war das Blech durch Druckschrauben auf dem Tisch aufgespannt, der das Untermesser trug und die Längsbewegung ausführte.

0.53 Werkstoff

Die Versuche wurden an beiden Verfahren mit jeweils den gleichen Stahl- und Aluminiumblechen angestellt. Um den Einfluß der Dehnung und Festigkeit des Schneidgutes auf den Schneidvorgang kennenzulernen, wurde je eine Stahlblechsorte großer Festigkeit und kleiner Dehnung (St 60), "mittlerer" Festigkeit und "mittlerer" Dehnung (St 37) und geringerer Festigkeit und hoher Dehnung (St VIII) gewählt. Die Versuche mit Aluminiumblechen erstreckten sich auf die häufig benutzte Sorte Al Mg 3, welche in zwei Festigkeitsgraden - weich und hart - zur Verfügung stand. Die genauen Werkstoffdaten sind in Tabelle 2 zusammengestellt.

T a b e l l e 2

Dicke und Festigkeitswerte des Werkstückstoffes

	Gegenstand	Werkstoff St 60	St 37	St VIII	A/Mg 3 h	Al Mg 3 w
Blechdicke [mm]	0,5	-	-	0,5	-	0,55
	0,8	-	-	0,76	-	0,75
	1,0	1,02	1,14	1,03	1,04	0,99
	1,6	-	-	-	-	1,51
	2,0	1,96	2,09	2,00	2,01	1,99
	4,0	4,16	4,00	3,98	4,07	4,02
	6,3	-	6,31	-	6,2	6,1
	8,0	-	8,17	-	-	-
	10,0	-	10,08	-	-	10,06
Festigkeitswerte	σ_F [kg/mm^2]	45 (40...50)	32 (28...36)	23 (20...26)	-	-
	σ_B [kg/mm^2]	63 (61...67)	44 (42...46)	36 (35...37)	21 (20...22)	21 (20...22)
	δ_B [%]	12 (9...15)	17 (16...18)	26 (25...27)	13 (11...15)	13 (11...15)

1 Geometrie und Kinematik des offenen Scherschnittes

Die geometrischen und kinematischen Verhältnisse sind beim offenen Scherschnitt verwickelt, weil das Werkstück zwischen zwei Messern getrennt wird, deren Schneidkanten im allgemeinen Fall räumlich gekrümmt sind und sich auf verschiedenen Bahnen zum Werkstück bewegen können. Bei ihrer Beschreibung muß zwischen den Größen, die zur Herstellung und Prüfung der Werkzeuge, der Schneidmaschine und den Größen, die den Schneidvorgang bestimmen, unterschieden werden. Zu ihrer Festlegung sind drei Bezugssysteme erforderlich, nämlich

a) Bezugssystem zur Beschreibung der Werkzeuge,

b) Bezugssystem zur Beschreibung der Schneidmaschine,

c) Bezugssystem zur Beschreibung des Schneidvorganges.

Innerhalb dieser Arbeit wird nur das unter c) genannte Bezugssystem benötigt. Es wird im folgenden Abschnitt behandelt.

1.1 Bezugssystem zur Beschreibung des Schneidvorganges

Durch das Bezugssystem für den Schneidvorgang sollen die Form, Lage und die Bewegung der Werkzeuge zum ruhend gedachten Werkstück festgelegt werden. Bei seiner Aufstellung wird angestrebt, daß die Begriffe für den Schneidvorgang soweit wie möglich mit den in der Zerspanungstechnik üblichen (DIN E 6581/82) übereinstimmen. Aus diesem Grunde wird es wie dort vom Vektor der relativen Geschwindigkeit der Schneidkanten gegenüber dem Werkstück abgeleitet.

Da im allgemeinen Fall beide Schneidkanten gegenüber dem Werkstück bewegt werden, muß für jede Schneidkante ein Bezugssystem eingeführt werden. In beiden Systemen wird als Bezugsebene Ia die zum Schneidgeschwindigkeitsvektor $\mathfrak{v}$ senkrechte Ebene festgelegt. Die gemeinsame Ebene des Vektors $\mathfrak{v}$ mit der Schneidkante bildet die zweite Bezugsebene IIa; in ihr läßt sich $\mathfrak{v}$ in eine Komponente senkrecht zur Schneidkante $\mathfrak{v}'$ und in Richtung der Schneidkante $\mathfrak{v}''$ zerlegen. Die dritte Bezugsebene IIIa steht zu den beiden anderen Bezugsebenen senkrecht (Abb.1).

Zur Beschreibung der Lage des Werkstückes zu den beiden Schneidkanten wird ein drittes, an das Werkstück gebundenes Bezugssystem eingeführt. Ausgegangen wird von der Mittelebene des noch unzertrennten Werkstoffes zwischen den Werkstückoberflächen, die als Bezugsebene I_{aW} eingeführt wird[1)]. Durch ihre Schnittlinie mit der Fläche am Werkstück, die sich zwischen den Schnittlinien jeder der beiden Schneidebenen mit den entsprechenden Werkstückoberflächen erstreckt, wird die zweite auf der ersten senkrecht stehende Bezugsebene II_{aW} festgelegt. Die dritte Bezugsebene III_{aW} steht wieder zu den beiden ersten senkrecht (Abb.1).

Für die Ebenen, die zur Beschreibung des Schneidvorganges häufiger benutzt werden, wurden folgende Bezeichnungen eingeführt:

<u>Schneidnormalebene:</u> Die zum Vektor der relativen Schneidgeschwindigkeit $\mathfrak{v}$ senkrecht stehende Ebene (Bezugsebene Ia) (in der Zerspanungstheorie Spanquerschnittsebene genannt).

---

1. Bei gekrümmten Werkstückoberflächen sind die entsprechenden Tangentialebenen gemeint

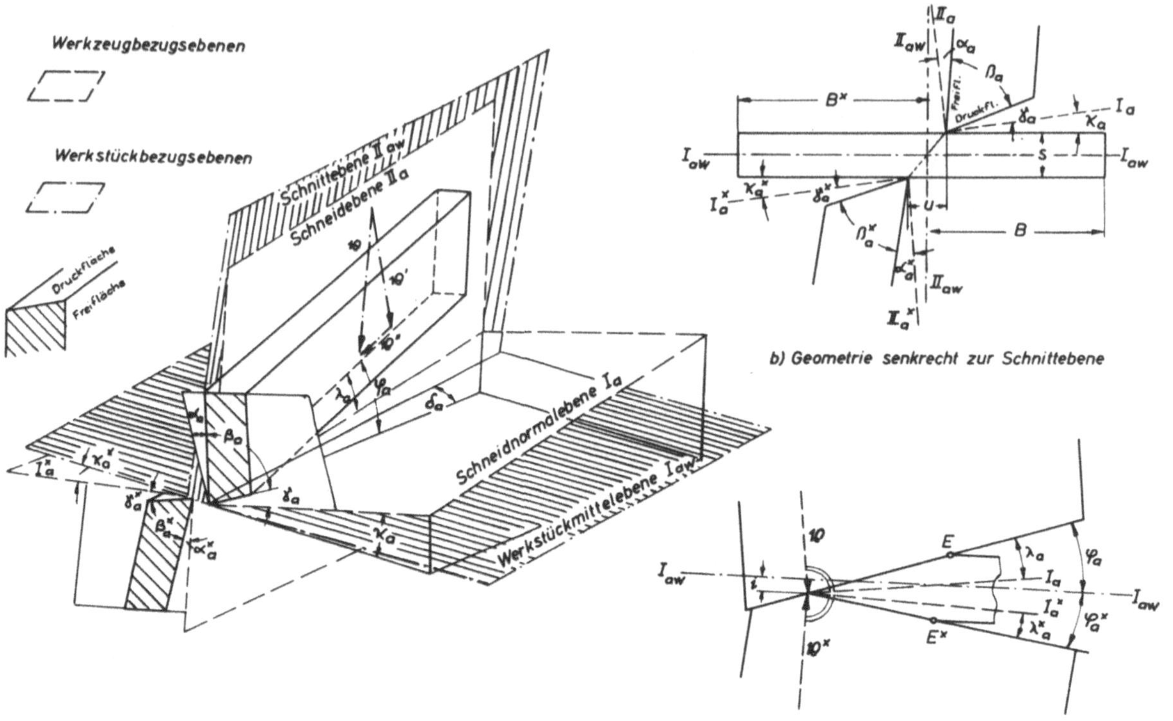

c) Geometrie in der Schnittebene

A b b i l d u n g   1

Bezugssystem und Wirkgrößen beim offenen Schnitt

<u>Schneidebene:</u> Die zur Schneidnormalebene senkrecht stehende Ebene durch den Geschwindigkeitsvektor (Bezugsebene IIa).

<u>Werkstückmittelebene:</u> Die zwischen den Werkstückoberflächen liegende Mittelebene (Bezugsebene I_{aW}).

<u>Schnittebene:</u> Die zur Werkstückmittelebene senkrecht stehende Ebene, die die Schnittlinie ersterer mit der Schnittfläche am Werkstück enthält (Bezugsebene II_{aW}).

1.2 Winkel und Längen am Wirkpaar

Mit Hilfe des eingeführten Bezugssystems für den Schneidvorgang können die <u>Wirkwinkel</u> eindeutig festgelegt werden. Sie werden als "Arbeitsgrößen" wie in der Zerspanungstechnik mit dem Zeiger a versehen und sind in Tabelle 3 erklärt. Da sie an beiden Schneiden vorkommen, werden die Begriffe, die sich auf das Untermesser[2] beziehen, mit einem Kreuz versehen.

2. Untermesser wird das dem Boden näher stehende, Obermesser das andere Messer geheißen

Tabelle 3

Winkel am Wirkpaar beim offenen Schnitt

Benennung	Bedeutung
Druckwinkel γ_a bzw. γ_a^x:	Winkel zwischen Druckfläche und Bezugsebene I_a, gemessen in einer zur Schneidkante senkrechten Ebene.
Freiwinkel α_a bzw. α_a^x:	Winkel zwischen Freifläche und Bezugsebene II_a, gemessen in einer zur Schneidkante senkrechten Ebene.
Keilwinkel β_a bzw. β_a^x:	Winkel zwischen Freifläche und Druckfläche, gemessen in einer zur Schneidkante senkrechten Ebene $\beta_a = 90^0 - \alpha_a - \gamma_a$
Neigungswinkel λ_a bzw. λ_a^x:	Winkel zwischen der Schneidkante und der Bezugsebene I_a, gemessen in der Bezugsebene II_a. λ_a ist negativ, wenn der Geschwindigkeitsvektor w" in Richtung des unzertrennten Querschnittes zeigt.
Eingriffswinkel φ_a bzw. φ_a^x:	Winkel zwischen Schneidkante und Bezugsebene I_{aw}, gemessen in der Bezugsebene II_a.
Gehrungswinkel $\varkappa_a$ bzw. $\varkappa_a^x$:	Winkel zwischen Bezugsebene I_a und I_{aw}, gemessen in einer Ebene senkrecht zu den Bezugsebenen I_{aw} und II_{aw}.
Schränkungswinkel δ_a bzw. δ_a^x:	Winkel zwischen Bezugsebene II_a und II_{aw}, gemessen in der Projektion auf die Bezugsebene I_{aw}.

Die Wirkwinkel am Werkzeug α_a, β_a, γ_a und der Neigungswinkel λ_a entsprechen den in der Zerspanung gleich benannten Winkeln (Tab.4). Zu ihnen kommen beim offenen Schnitt noch der Eingriffswinkel φ_a bzw. φ_a^x, der Gehrungswinkel $\varkappa_a$ bzw. $\varkappa_a^x$ und der Schränkungswinkel[3)] δ_a bzw. δ_a^x, die die Lage der Werkzeugbezugssysteme zum Werkstückbezugssystem festlegen.

3. Der Winkel δ_a wird vom Konstrukteur im allgemeinen gleich null vorgeschrieben, doch ist er durch die Verformungen der Schere in der Regel von null verschieden und wirkt sich auf die Form der Schnittfläche aus

T a b e l l e 4

Bestimmungsgrößen für den Schneidvorgang und den Zerspanungsvorgang

Schneidvorgang			Zerspanungsvorgang		
Größe	Zeichen	Anzahl unabh. Gr.	Größe	Zeichen	Anzahl unabh. Gr.
Freiwinkel	α_a, α_a^x	2	Freiwinkel	α_a	1
Keilwinkel	β_a, β_a^x	-	Keilwinkel	β_a	-
Druckwinkel	γ_a, γ_a^x	2	Spanwinkel	γ_a	1
Neigungswinkel		2	Neigungswinkel	λ_a	1
-			Einstellwinkel	$\varkappa_a$	1
-			Spitzenwinkel	ε_a	1
Gehrungswinkel	$\varkappa_a$, $\varkappa_a^x$	2	-		
Eingriffswinkel	φ_a, φ_a^x	2	-		
Schränkungswinkel	δ_a, δ_a^x	2	-		
Schneidspalt	u	1	-		
Werkstückversatz	i	1			
Stückdicke (Blech-)	s	1	Spandicke	h	1
Schnittlänge	l	1	Schnittbreite	b	1
Stückbreite	B, B^x	2	-		
Summe		18	Summe		7

Außer den Wirkwinkeln sind zur Bestimmung der Lage der Werkzeuge und des Werkstückes zueinander noch der Schneidspalt u und der Werkstückversatz i erforderlich. Der Schneidspalt gibt den Abstand der Schneidebenen II_a und II_a^x an und wird senkrecht zur Schnittebene in der Werkstückmittelebene gemessen (Abb.1b). Der Werkstückversatz legt die Entfernung der Werkstückmittelebene von dem Kreuzungspunkt der Schneidkanten, in der Schnittebene gesehen, fest (Abb.1c).

Als weitere unabhängige geometrische Größe kommen die Abmessungen des Werkstückes in der Schnittebene und Werkstückmittelebene hinzu. Bei ebenen Blechen reichen zur eindeutigen Bestimmung die Dicke s und die Länge der Schnittlinie l, beide in der Schnittebene gemessen, sowie die Breite B bzw. B^x der beiden Schnitteile (senkrecht zur Schnittebene gemessen) aus.

Die Anzahl der den Schneidvorgang des offenen Schnittes bestimmenden unabhängigen Größen ist wegen der Beteiligung zweier Werkzeuge mehr als doppelt so groß wie die die Zerspanungsvorgänge kennzeichnenden Größen (Tab.4). Hinzu kommt, daß die Form der Schneidkanten, die zwar in beiden Fällen räumlich gekrümmt sein können, den Schneidvorgang, wie später gezeigt wird, tiefgreifend beeinflußt. Auf sie wird in dem folgenden Abschnitt eingegangen.

1.3 Schneidkantenform, Eingriffswinkel und Neigungswinkel

Die im vorigen Abschnitt eingeführten Bezugssysteme, Winkel und Längen am Wirkpaar, beschreiben die geometrischen und kinematischen Schneidbedingungen in einem Punkt und gelten für alle Schneidkanten- und Werkstückformen. Beim Scherschnitt kommen - in der Schneidebene gesehen - die Schneidkanten am Werkstück auf einer Strecke zur Anlage, längs der sie die Schneidkräfte übertragen. Die Länge der Eingriffsstrecke und die Kraftverteilung hängt von der Form der Schneidkanten ab. Da beide Größen den Beanspruchungszustand im Werkstück und damit den Schneidvorgang selbst bestimmen, muß bei der Schneiduntersuchung jeweils der gesamte Eingriffsbereich betrachtet werden. Zur Beschreibung des Schneidvorganges ist deshalb der Verlauf der geometrischen und kinematischen Größen längs der Eingriffsstrecke anzugeben.

In dieser Arbeit haben wir es nun mit dem Schnitt ebener, plattenförmiger Werkstücke zwischen Schneidkanten zu tun, die lediglich in der Schneidebene gekrümmt sind. Da ihre Eingriffslänge kurz ist, darf sie in den meisten Fällen durch einen Krümmungskreis ersetzt werden. Durch die Angabe seines Halbmessers R ist der Schneidwinkelverlauf längs der Schneidkante festgelegt und mit bekanntem Eingriffswinkel φ_a im Eingriffspunkt E - das ist der Berührungspunkt der Schneidkante mit der Werkstückoberfläche (Abb. 1c) - die Geometrie im Eingriffsbereich vollständig bestimmt.

Je nachdem, ob der Schneidwinkel im Eingriffspunkt null oder von null verschieden ist und ob sich die Winkel entlang der Eingriffsstrecke verändern oder gleichbleiben, können sechs verschiedene Sonderfälle (Abb.2) unterschieden werden, von denen die in der Abbildung doppelt umrandeten Felder in dieser Arbeit untersucht wurden. Zur vollständigen Bestimmung der Geometrie in der Schneidebene sind 1 bis 6 Bestimmungsgrößen erforderlich, rechnet man die Schnittlänge beim vollkantigen Schnitt nicht hinzu.

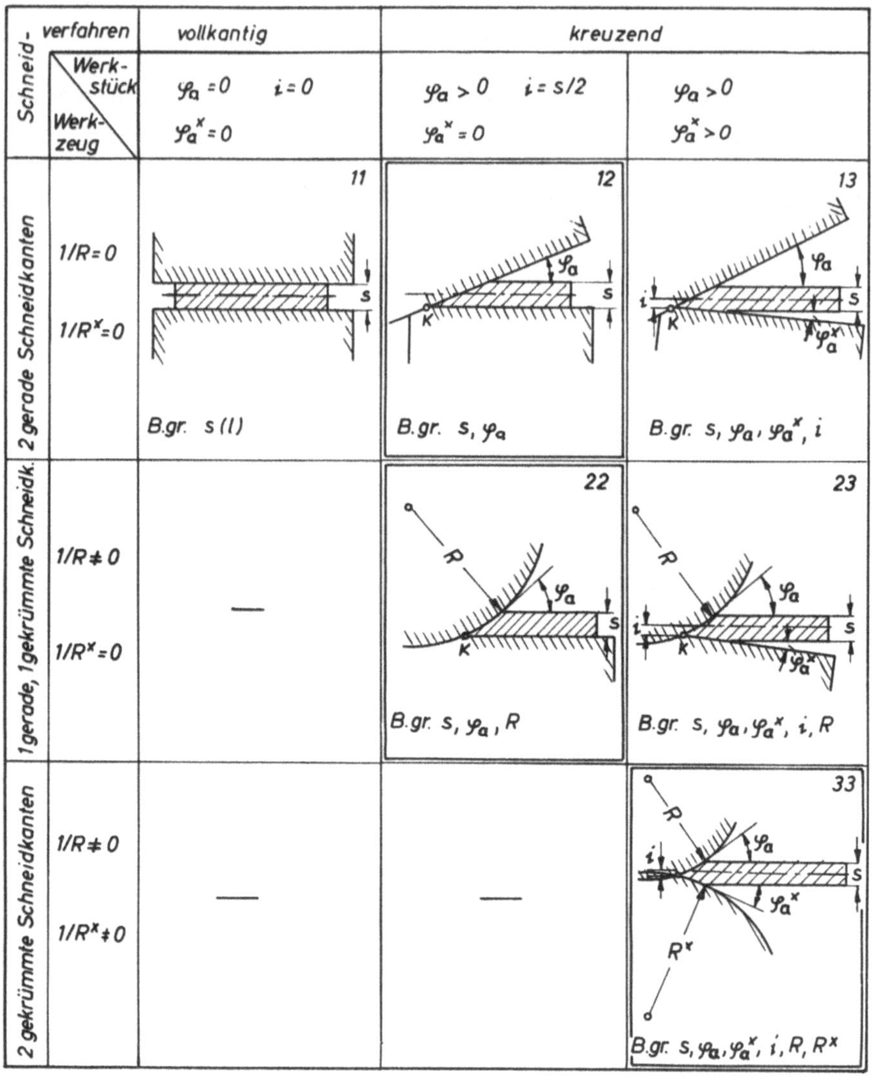

A b b i l d u n g 2

Offener Schnitt; Geometrie in der Schneidebene

Die Bewegung der Schneidkanten kann in jedem Augenblick auf eine Drehbewegung um einen ruhenden Pol - Momentanpol - zurückgeführt werden. Führen wir analog zum Krümmungskreis R der Schneidkante hier die Entfernung r des Momantanpoles zum Eingriffspunkt E ein, so ist die Kinematik in der Schneidebene durch die Angabe des Neigungswinkels im Eingriffspunkt λ_a und des Bewegungshalbmessers r des Eingriffspunktes vollständig bestimmt.

Hinsichtlich der Bewegungsart der Schneiden unterscheidet KIENZLE [28] drei Sonderfälle:

a) geradlinige Bewegung (Translation)
b) Drehung (Rotation)
c) Wälzung (Rotation und Translation)

Von ihnen lag der Sonderfall a bei der Untersuchung des Schneidvorganges unter den geometrischen Gegebenheiten gemäß Fall 12 und der Sonderfall c unter denjenigen gemäß Fall 22 und 33 vor.

Diese Übersicht war notwendig, damit die Tragweite der vorliegenden Arbeit über den Langmesser-, Kreis-Langmesser- und Kreismesserschnitt klar wird. Im folgenden Abschnitt soll noch auf die Besonderheiten der Geometrie und Kinematik bei Kreismesser- und Kreis-Langmesserscheren in Verbindung mit den an diesen Maschinen üblichen Einstellgrößen eingegangen werden.

1.4 Kreismesserschnitt und Kreis-Langmesserschnitt

An Kreismesserscheren und Kreis-Langmesserscheren wird der Schneidwinkel durch die Entfernung der Kreismessermittelpunkte voneinander bzw. des Kreismessermittelpunktes von der Langmesserschneidkante festgelegt und ist häufig einstellbar. Die Einstellung an der Maschine wird gemeinhin auf den Abstand U der beiden Schneidkanten, gemessen auf der Verbindungslinie der Kreismessermittelpunkte in der Schneidebene, bezogen (Abb.3).

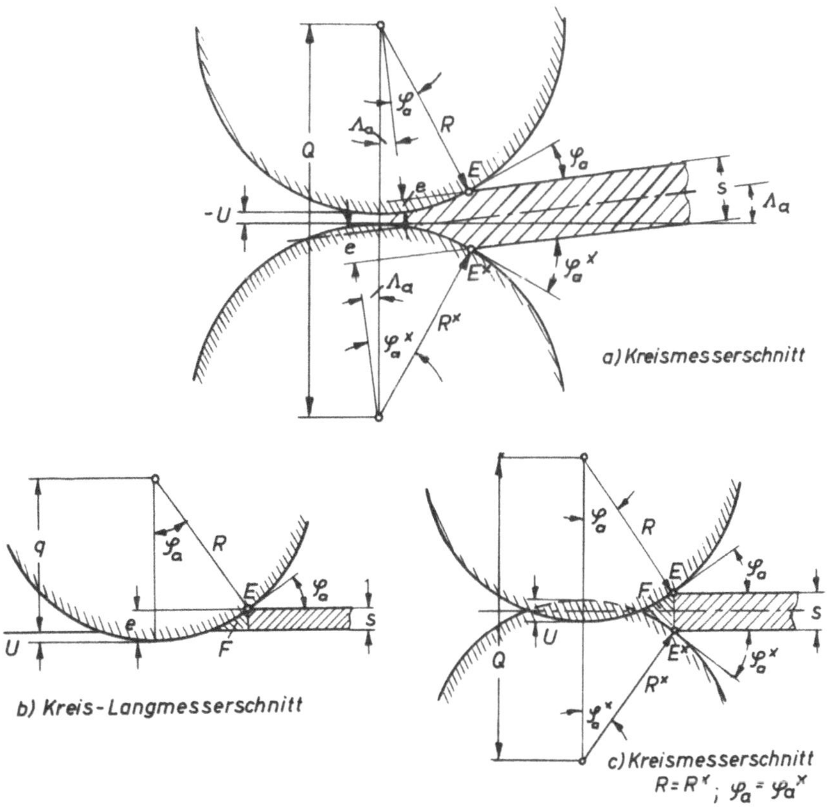

A b b i l d u n g 3

Schneidwinkel beim Kreismesserschnitt

Als Überdeckung U ergibt sich für

den Kreismesserschnitt:

$$U = R + R^{x} - Q \qquad Q = \text{Entfernung der Kreismesser-mittelpunkte voneinander} \tag{1}$$

den Kreis-Langmesserschnitt:

$$U = R - q \qquad q = \text{Entfernung zwischen Kreismessermittelpunkt und Langmesserschneidkante.} \tag{2}$$

U kann auch negative Werte annehmen, nämlich dann, wenn mit Einzugsspalt geschnitten wird (Abb.3a). Aus diesem Grunde ist es richtiger, für alle Schneidverfahren, bei denen zwischen einem oder zwei Kreismessern geschnitten wird, anstelle des in Abschnitt 12 eingeführten Werkstückversatzes i den Winkel Λ_a zwischen der Verbindungslinie der Kreismessermittelpunkte und der Normalen zur Werkstückebene einzuführen. Dieser Winkel wird, weil er durch die Einlaufrichtung des Bleches bestimmt wird, Einlaufwinkel Λ_a genannt (Abb.3a).

Um zwischen der Überdeckung U und dem zum Vergleich der Schneidverfahren zwischen geraden und kreisförmigen Schneidkanten eingeführten Eingriffswinkel φ_a im Eingriffspunkt eine Beziehung anzugeben, ist es zweckmäßig, die Eintauchtiefe e einzuführen. Unter diesem Begriff wird die Entfernung des am weitesten in das Werkstück eingetauchten Schneidkantenpunktes von der Werkstückoberfläche, gemessen auf einer Normalen zur Werkstückmittelebene, verstanden (Abb.3). Zwischen ihr und dem Eingriffswinkel gilt

$$\cos \varphi_a = 1 - \frac{e}{R} . \tag{3}$$

Aus den Gleichungen (1) bis (3) folgen die Beziehungen zwischen der Messerüberdeckung U, dem Halbmesser R der Kreismesser und dem Eingriffswinkel φ_a für die untersuchten Schneidverfahren:

<u>Kreismesserschnitt $R = R^{x}$ (i = 0)</u>

$$e = e^{x} = \frac{1}{2} (U + s) \tag{4a}$$

$$\cos \varphi_a = \cos \varphi_a^{x} = 1 - \frac{(U + s)}{2 R}$$

<u>Kreis-Langmesserschnitt $R^{x} = \infty$ $(i = \frac{1}{2} s)$</u>

$$e = U + s \tag{4b}$$

$$\cos \varphi_a = 1 - \frac{U + s}{R} ; \qquad \varphi_a^{x} = 0$$

Kreismesser wälzen sich beim Schnitt auf der Werkstückoberfläche ab. Dabei kann es auf Grund der Schneidenkrümmung nur in einem Punkt längs ihrer Eingriffsstrecke, dem Wälzpunkt W, zu einer reinen Wälzbewegung kommen, während an allen anderen Schneidpunkten eine Relativbewegung zwischen Werkstückoberfläche und Werkzeugoberfläche bestehen muß (Abb.4a). In Verbindung mit der großen an der Druckfläche der Schneiden wirkenden Flächenpressung erklärt sie den Verschleiß von Kreismessern auf der Umfangsfläche, der erfahrungsgemäß beim Schnitt dicker Bleche, bei denen die Eingriffsstrecke groß ist, den Verschleiß an der Seitenfläche der Schneidkante wesentlich übersteigt.

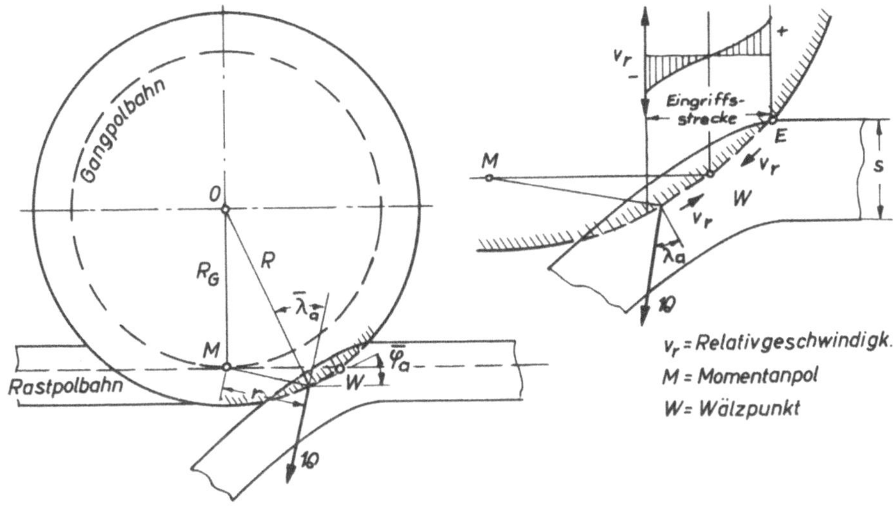

A b b i l d u n g 4

Neigungswinkel beim Kreismesserschnitt

Die Relativbewegung zwischen Kreismesser und Werkstück kann auf eine Wälzbewegung einer an das Kreismesser gebundenen Gangpolbahn auf einer an das ruhend gedachte Werkstück gebundenen Rastpolbahn zurückgeführt werden: Die Richtung der Rastpolbahn ist durch die Richtung des Geschwindigkeitsvektors des Kreismessermittelpunktes festgelegt, der gleichzeitig Mittelpunkt der Gangpolbahn ist, während der Halbmesser der Gangpolbahn R_G durch die Projektion des Wälzpunktes auf die Normale der Rastpolbahn durch den Kreismessermittelpunkt gegeben ist (Abb.4b).

Als Berührungspunkt der Gangpolbahn mit der Rastpolbahn erhalten wir den Momentanpol M. Da die Richtung der resultierenden Geschwindigkeit $\mathfrak{w}$ jedes Schneidenpunktes senkrecht auf dem vom Momentanpol aus gezogenen Strahles liegt, können wir den Neigungswinkel λ_a zwischen Schneidkantennormalen und Geschwindigkeitsvektor $\mathfrak{w}$ bestimmen.

Für den untersuchten Kreismesserschnitt ($R = R^x$, $\varphi_a = \varphi_a^x$) und Kreis-Langmesserschnitt ($\varphi_a = 0$) besteht zwischen dem Schneidwinkel φ_a und dem Neigungswinkel λ_a der aus der Abbildung 4b abzulesende Zusammenhang:

$$\operatorname{tg} \lambda_a = \frac{R_G \sin \varphi_a}{R - R_G \cos \varphi_a} . \tag{5}$$

Für den Schnitt dünner Bleche zwischen Schneidkanten mit großem Krümmungsradius wird $R_G \approx R$, so daß

$$\operatorname{tg} \lambda_a = \frac{\sin \varphi_a}{1 - \cos \varphi_a}$$

wird.

2. Meßvorrichtungen

2.1 Kreismesserschnitt

Für die Versuche am Kreismesserschnitt stand eine im Institut für Werkzeugmaschinen und Umformtechnik gebaute Sicken- und Kreismesserschere zur Verfügung (Abb.5). Sie besteht aus vier gleichartigen Einheiten, die auf einem geschweißten Maschinenständer aufgeschraubt sind. Jede der Einheiten trägt eine axial und vertikal stufenlos verstellbare Welle, deren Antrieb von der Seite her über Ketten, Schneckenantrieb und Kreuzgelenkwelle erfolgt. Die Drehzahl der Wellen konnte durch ein Böhringer-Sturm-

Abbildung 5
Kreismesserschneidvorrichtung

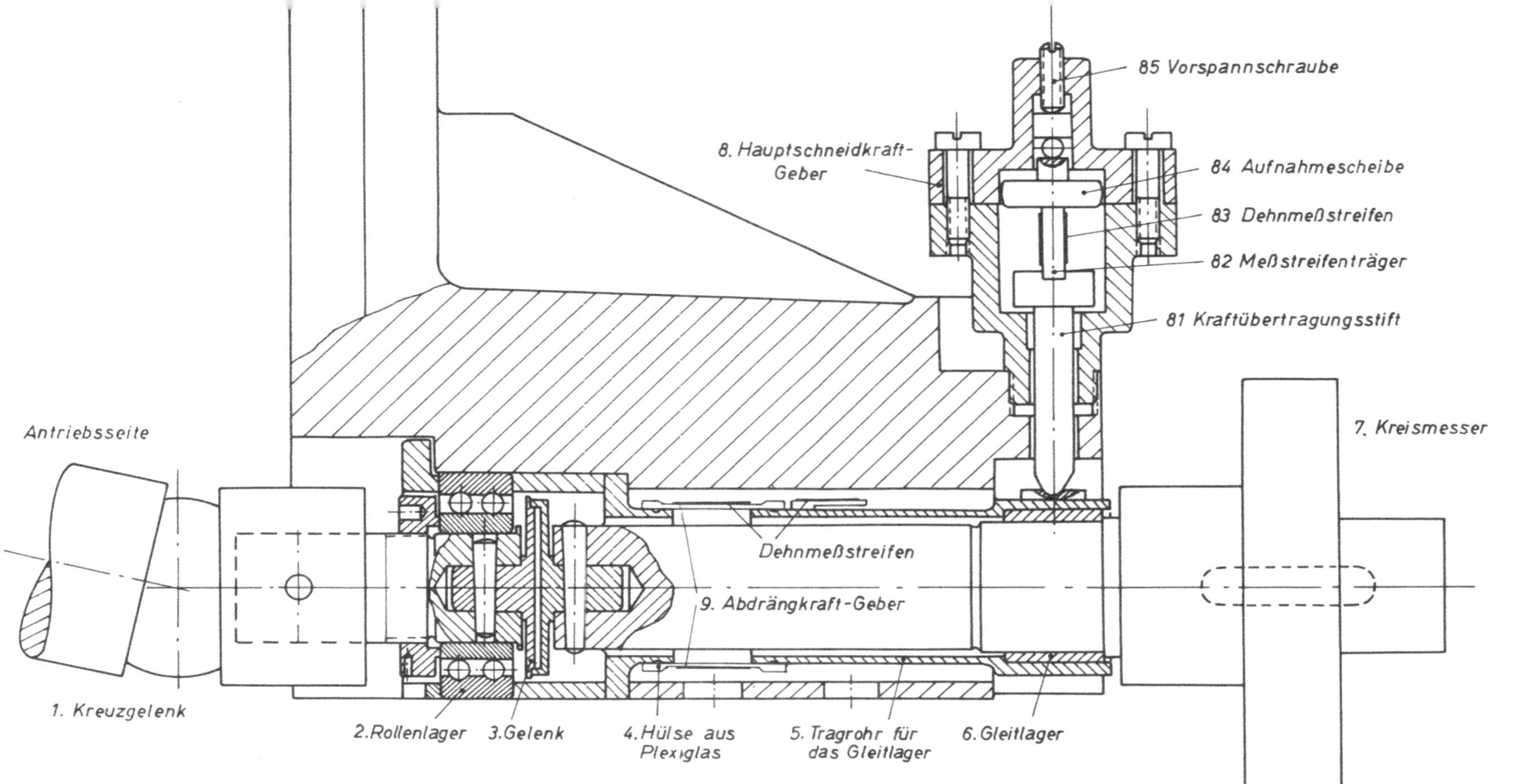

Schnitt durch die Meßeinheit

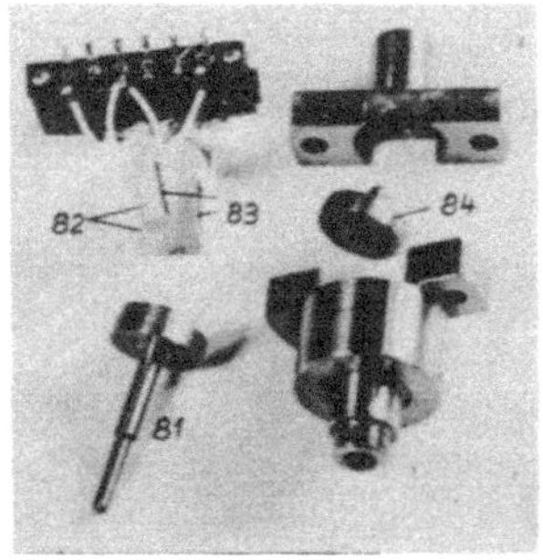

Schneidkraft - Geber

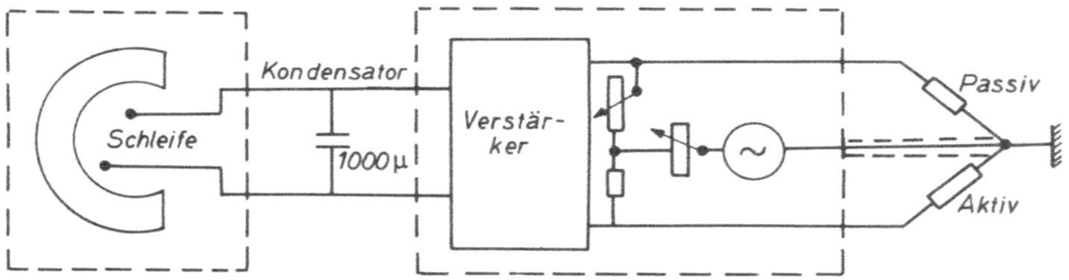

Schaltung

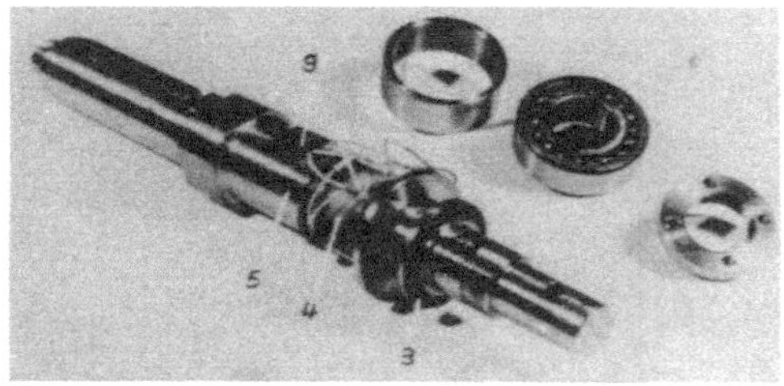

Messerwelle mit Abdrängkraft-Geber

Abbildung 6

Meßeinheit der Kreismesser-Schneidvorrichtung

getriebe, das dem Elektromotor vorgeschaltet war, von 0...1000 Umdrehungen in der Minute stufenlos verstellt werden. Zur Blechhaltung waren zwei kugelartige Rollen vorgesehen, die vor den Messern angeordnet, in ihrer Lage zu diesen stufenlos verstellt werden konnten.

Für die Versuche wurden die beiden in Abbildung 5 abgebildeten Einheiten benutzt, von denen die obere mit einer Meßvorrichtung zur Ermittlung der Schneidkraft und des Antriebsmomentes ausgestattet wurde. Die Abbildung 6 zeigt einen Schnitt durch die Meßeinheit: Der Antrieb der Messerwelle erfolgt vom Kreuzgelenk (1) aus und wird über ein membranförmiges Gelenk (3), das die Welle gegen axial und gegenradial wirkende Kräfte nachgiebig macht, zum Kreismesser weitergeleitet. Das werkzeugseitig angeordnete Gleitlager (6) ist in einem zweiteiligen dünnwandigen Rohr (5) aufgenommen, das durch eine aufgeklebte Verbindungshülse aus Plexiglas (4) zusammengehalten wird und wegen des kleinen Elastizitätsmoduls von Plexiglas biegungsweich ist. Durch diese Anordnung werden die in der Schneidebene wirkenden Kräfte fast vollständig auf die beiden parallel zur Schneidebene der Werkzeuge angeordneten Geber geleitet, mit deren Hilfe die senkrecht (8) und parallel zur Werkstücksebene wirkenden Schneidkraftkomponenten ermittelt werden.

Die gleichartig aufgebauten Schneidkraftgeber (8) stützen das Gleitlager durch den Stift (81) ab, der die Kraft auf einen Dehnungsmeßstreifen (83) tragenden, quaderförmigen Block (82) weiterleitet, welcher wieder über ein Kugelgelenk sich am Gebergehäuse abstützt und durch die Vorspannschraube (85) vorgespannt werden kann. Der Kraftübertragungsstift ist zur Vermeidung von Reibung im Gebergehäuse nicht geführt; ein seitliches Ausknicken der Meßglieder verhindert die Führung der am Umfang balligen Aufnahmescheibe (84) des Meßstreifenträgers im oberen Geberteil.

Wegen des großen Kraftmeßbereiches von 0,5 bis 200 kg wurden zwei auswechselbare Meßstreifenträger verschiedenen Querschnittes vorgesehen. Die Dehnungsmeßstreifen, die sich auf dem jeweilig belasteten Träger befinden, sind in den einen Zweig, die auf dem unbelasteten befindlichen, für den Temperaturausgleich erforderlichen in den anderen Zweig der Trägerfrequenzbrücke Bauart Brandau eingeschaltet. Wegen der geringen, in der Werkstückebene wirkenden, nur durch die Reibung am Blechschalter bedingten Kräfte P_2 konnten für den in dieser Richtung wirkenden Geber nicht wie beim Hauptschneidkraftgeber Meßstreifenträger aus gehärtetem Werkzeugstahl verwendet werden, weil sie so dünn hätten sein müssen, daß sie unter den Schneidkräften ausgeknickt wären. Sie wurden deshalb aus Plexiglas angefertigt, welches im Bereich von 0,05 bis 1 ‰ Dehnung, wie Vorversuche zeigten, einen linearen Spannungs-Dehnungsverlauf hat und aus dem infolge seines 70mal kleiner als Stahl betragenden Elastizitätsmodul genügend dicke Meßstreifenträger hergestellt werden konnten.

Die axial zur Welle gerichteten Abdrängkräfte wirken über den Wellenabsatz auf die Strinfläche des Gleitlager (6) und werden über das Tragrohr (5) auf das Gehäuse der Meßeinheit abgetragen. Zu ihrer Messung wurden auf den Umfang der Plexiglashülse (4) vier Dehnmeßstreifen geklebt, die in Reihe geschaltet ebenfalls an eine Trägerfrequenzbrücke Bauart Brandau angeschlossen wurden. Die entsprechenden Temperaturausgleichsstreifen klebten wir auf Plexiglasstücke, die neben der Verbindungshülse am Tragrohr befestigt waren.

Der antriebsseitig sich an die Kreuzgelenkwelle anschließende Wellenteil, auf dem sich die Schnecke befindet (Abb.7), ist bis auf das Wellenende hohl. In der Mitte der Bohrung ist ein Stab (1) angeordnet, der mit der Hohlwelle zusammen aus dem Gehäuse der Meßeinheit herausragt. Unter dem an der Schnecke wirkenden Moment verdreht sich die Hohlwelle (2) gegenüber dem in ihrer Mitte befindlichen Stab (1). Die Verschiebung wird durch einen induktiven Geber Bauart Brosa aufgenommen, der wie die Dehnungsmeßstreifen der Kraftgeber an einer Trägerfrequenzbrücke angeschlossen wurde.

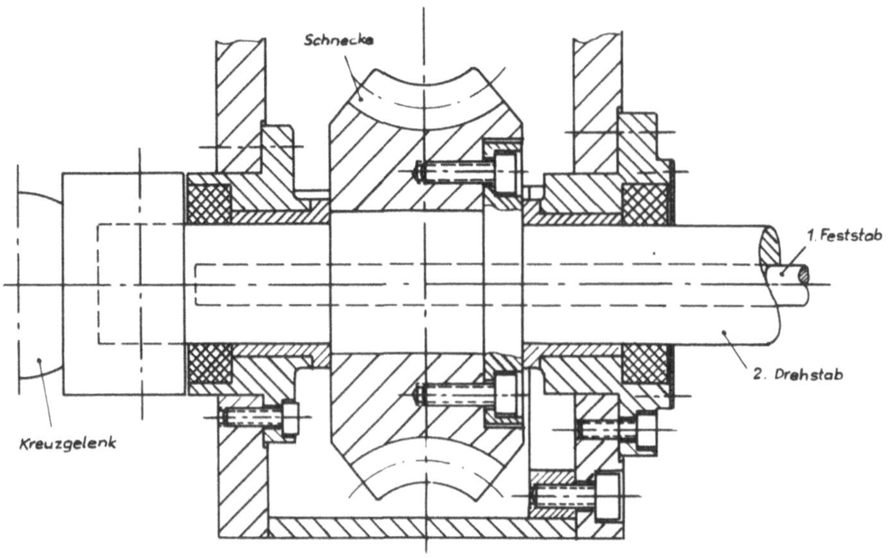

A b b i l d u n g 7

Drehmomentsmessung an der Kreismesserschneidvorrichtung

Die in den Ausgleichszweigen der vier Meßbrücken fließenden den Schneidkraftkomponenten bzw. dem Drehmoment proportionalen Ströme wurden verstärkt je einer Schleife eines Oszillographen Bauart Fischer zugeführt und aufgeschrieben.

Damit die unvermeidlichen Schwankungen in der Messerüberdeckung und im Schneidspalt, die durch Unrundheiten der Kreismesser und ungenaue Fluchtung der Schneiden zur Schneidebene bedingt sind, das Meßergebnis nicht verfälschen, wurde ein Weggeber angebracht. Er gab in einer bestimmten Stellung der Messer zueinander einen Viereckimpuls, der vom Oszillographen im Meßdiagramm vermerkt wurde. Hierdurch war es möglich, die Schneidkräfte auf die gleiche Eingriffsstrecke an den Messern zu beziehen, an der die Einstellgrößen gemessen wurden.

Die Eichung der Meßvorrichtung erfolgte bei umlaufender Meßwelle, um die im Betrieb der Schere vorliegenden Verhältnisse zu erfassen. Hierzu wurde statt des Kreismessers ein Rollenlager aufgesetzt, auf das bekannte Kräfte aufgebracht wurden, und zwar in Richtung senkrecht zur Werkstückebene durch einen Hubbock über einen Kraftmeßbügel Bauart Wazau und in den beiden anderen Richtungen durch Gewichte, die an Stahlbändern aufgehängt waren (Abb.8).

A b b i l d u n g   8

Eichung der Kreismesserschneidvorrichtung

Zur Eichung des Drehmomentes wurde eine Rolle auf die Messerwelle gesetzt, die ein Stahlband aufhaspelte, an dem bekannte Gewichte aufgehängt waren. Da das Drehmoment durch die Reibung im Gleitlager beeinflußt wird, die hauptsächlich von der senkrecht zur Hauptschneidebene wirkenden Schneidkraft P_1 abhängt, wurde die Eichung bei verschiedenen Schneidkräften vorgenommen. Das in Abhängigkeit von P_1 festgestellte Reibungsmoment konnte auf diese Weise bei der Drehmomentmessung berücksichtigt werden.

2.2 Kreis-Langmesserschneidvorrichtung

Die Kreis-Langmesserschneidvorrichtung (Abb.9) wurde in eine hydraulische Langhobelmaschine der Firma Waldrich, Coburg, (Typ 4D 1616/2000) eingebaut, deren Tischgeschwindigkeit stufenlos bis 0,65 m/sec verstellbar war. Für die Aufnahme des Kreismessers (1) wurde ein steifer Balken (3) in Stahlleichtbauweise gebaut, der seitlich an Platten (4) geschraubt war, die mit kegeligen Zapfen im Maschinenständer befestigt waren; das Spiel zwischen den Zapfen und den an den Ständern vorgefundenen unbearbeiteten Bohrungen gossen wir mit Kunststoff (Araldit) aus. Das Kreismesser war auf einer zweifach gelagerten Achse in einem in Stahlschweißbau ausgeführten Kasten (2) befestigt, der senkrecht zur Schneidebene des Messers auf die Gehrungswinkel $\varkappa = 0^{\circ}, 15^{\circ}, 30^{\circ}$ und 45° eingestellt werden konnte. Das Langmesser (5) und der Blechhalter (6) waren an einem gegossenen Balken (7) angebracht, der auf zwei Keileinheiten (8) gesetzt, durch Zuganker am Maschinentisch befestigt war. Die Messerüberdeckung konnte durch die Keileinheiten und der Schneidspalt durch Verschieben des Balkens auf dem Maschinentisch stufenlos verstellt werden. Zum Schnitt wurde das Werkstück (9) auf dem Balken aufgespannt und durch den Maschinentischvorschub am Kreismesser vorbeigeführt. Die Schneidvorrichtung war für senkrecht zur Werkstückebene wirkende Kräfte bis zu 40 Mp ausgelegt; auf Grund der begrenzten Durchzugkraft der Maschine von 4 Mp wurden 25 Mp erreicht.

Die Dreikomponenten-Meßvorrichtung für die Schneidkräfte befindet sich im Aufnahmekasten des Kreismessers (Abb.10): Die Messerachse (1) stützt sich in Durchzugsrichtung und senkrecht zur Durchzugsrichtung auf je zwei Pendelstützen (21,22) ab, auf denen Dehnmeßstreifen aufgeklebt sind. Das Eigengewicht der Achse mit dem auf Rollenlagern (3) laufenden Kreismesser wird durch die Schraubenbolzen (4) aufgenommen, durch die die Pendelstützen gleichzeitig vorgespannt werden können. Die Abbildung 10 zeigt links die elastischere Anordnung, bei der fast alle Schneid-

a)

b)

A b b i l d u n g   9a und 9b

Kreis-Langmesserschneidvorrichtung

a) Aufbau
b) im Schnitt

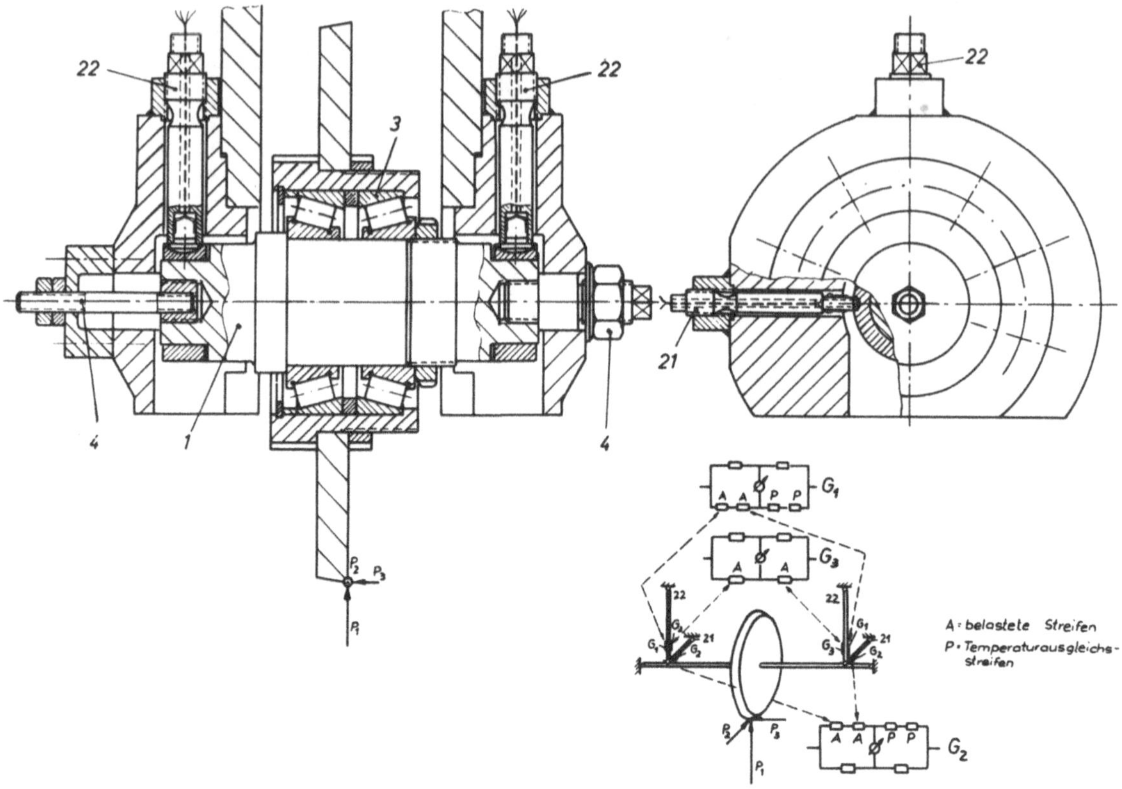

A b b i l d u n g 10

Meßeinheit Kreis-Langmesserschneidvorrichtung

kräfte von den Pendelstützen aufgenommen werden und rechts die steifere Anordnung, bei der ein größerer Teil der Schneidkräfte durch die Schrauben übernommen werden. Die erste Anordnung war für Kräfte von 100 bis 2000 Kp und die zweite für die Kräfte von 2000 bis 40000 Kp ausgelegt.

Auf jeder der senkrecht zur Durchzugsrichtung angeordneten Pendelstützen (22) befinden sich zwei Dehnungsmeßstreifengruppen zu je vier in Reihe geschalteten Streifen. Zur Messung der in der Schneidebene wirkenden Hauptschneidkräfte P_1 wurde die eine der auf jeder Pendelstütze befindlichen Meßstreifengruppe (G_1) mit der anderen in Reihe geschaltet und an den einen Zweig einer Trägerfrequenzbrücke Bauart Brandau angeschlossen. Die im anderen Zweig der Brücke einzuschaltenden Temperaturausgleichsstreifen wurden unbelastet am Aufnahmekasten angebracht.

Mit der anderen, auf jeder Pendelstütze befindlichen Dehnungsmeßstreifengruppe G_3 wurde die Abdrängkraft gemessen. Durch sie wird die in Abbildung 10 links sichtbare Pendelstütze belastet und die rechts befindliche entlastet. Wir schalteten deshalb die auf der einen Pendelstütze befindlichen Meßstreifen in den einen Zweig und die auf der anderen angebrachten in den anderen Zweig einer Trägerfrequenzbrücke Bauart Brandau und konnten dadurch eine doppelt so große Anzeigeempfindlichkeit wie bei der Messung der Hauptschneidkräfte erreichen.

Die Durchzugskräfte wurden mit Hilfe der Meßstreifen (G_3), die auf den beiden in Durchzugsrichtung angeordneten Pendelstützen (21) aufgeklebt waren, gemessen. Sie wurden wie die Meßstreifen zur Ermittlung der Hauptschneidkräfte geschaltet und mit den am Aufnahmekasten unbelastet aufgenommenen Temperaturausgleichsstreifen an eine besonders empfindliche Trägerfrequenzbrücke Bauart Schering geschlossen.

Um wie beim Kreismesserschnitt die Schneidkräfte in einer bestimmzen Stellung der Schneidkanten zueinander auswerten zu können, wurde am Maschinentisch ein elektrischer Kontakt angebracht. Er gab auf eine Schleife des Oszillographen einen Viereckimpuls, der mit den von den drei Meßbrücken gegebenen Anzeigen vom Schleifenoszillograph Bauart Fischer aufgeschrieben wurde, während das Kreismesser von Hand vor jedem Schnitt in eine durch Anriß festgelegte Stellung gedreht wurde.

Zur Eichung wurden in den Richtungen der Schneidkraftkomponenten bekannte Kräfte gemäß Abbildung 11 mittels Hubbock (1) und elektrischer Kraftmeßdose (2) auf einen Bügel (3) bzw. bei der Hauptschneidkrafteichung am Kreismesser direkt aufgebracht. Der Zusammenhang zwischen den Anzeigewerten und der Kraft war über den ganzen Meßbereich linear.

A b b i l d u n g 11

Eichung der Abdränkraft auf der Kreis-Langmesserschneidkraftvorrichtung

3. Erkenntnisse über den Schneidvorgang

Beim Scherschnitt wird das Blech zwischen zwei Schneidkanten getrennt, die um den Schneidspalt u versetzt in den Werkstoff eindringen. Aus Untersuchungen am vollkantigen Schnitt von **TIMMERBEIL** [3], **SHANG** und **SWIFT** [13] und anderen Forschern ist bekannt, daß sich der Werkstoff, während die Schneiden eindringen, zunächst rings um die Schnittzone plastisch verformt, bis sein Formänderungsvermögen erschöpft ist und daß er dann an den am höchsten beanspruchten Stellen nahe der Schneidkanten einreißt und die entstandenen Risse, den Schneiden vorauseilend, die Trennung vollziehen. Wir können somit beim vollkantigen Schnitt zwei Phasen des Schneidvorganges unterscheiden:

a) Die Phase der reinen Verformung des Werkstoffes.
b) Die Phase, während der der Werkstoff, z.T. unter fortschreitender Verformung, reißt.

Sie beobachten wir auch beim kreuzenden Schnitt, nur treten sie hier nicht zeitlich nacheinander auf, sondern sind in dem in Trennung befindlichen Werkstoffquerschnitt örtlich verschoben. Schneiden wir ein eingeschnittenes Werkstück längs zur Schnittebene auf, so beobachten wir, wie in Abbildung 12 gezeigt, vom Eingriffspunkt E bzw. E^x der Schneidkanten bis zum Beginn der Trennrisse im Einrißpunkt S bzw. S^x an der Schnittfläche wie beim vollkantigen Schnitt eine blanke Textur, die wie später gezeigt, durch das Fließen der Werkstoffasern um die Schneidkanten herum und vor den Freiflächen der Schneiden entsteht und im folgenden Abschiebzone genannt wird. Von den Einrißpunkten S bzw. S^x aus dringen, wie in der zweiten Phase des vollkantigen Schnittes, von den Werkstückoberflächen Risse vor, die bis zum Trennpunkt T (Abb.12) die Trennung vollziehen. Durch sie entsteht eine rauhe bruchartig aussehende Zone an der Schnittfläche, die wir Reißzone heißen. In dem in Trennung befindlichen Gebiet E T E^x verformt sich der Werkstoff plastisch.

Durch die Formänderung im Scherquerschnitt verfestigt sich der Werkstoff, so daß seine Festigkeit und sein Formänderungsvermögen in der Schnittzone von Ort zu Ort verschieden ist. Hinzu kommt, daß die Formänderungen in der Schneidzone Verschiebungen des äußeren Kraftangriffes und des inneren Kräfteflusses zur Folge haben. Somit wird der Schneidvorgang durch das Zusammenwirken von Beanspruchungsverlauf und Werkstoffverhalten bestimmt.

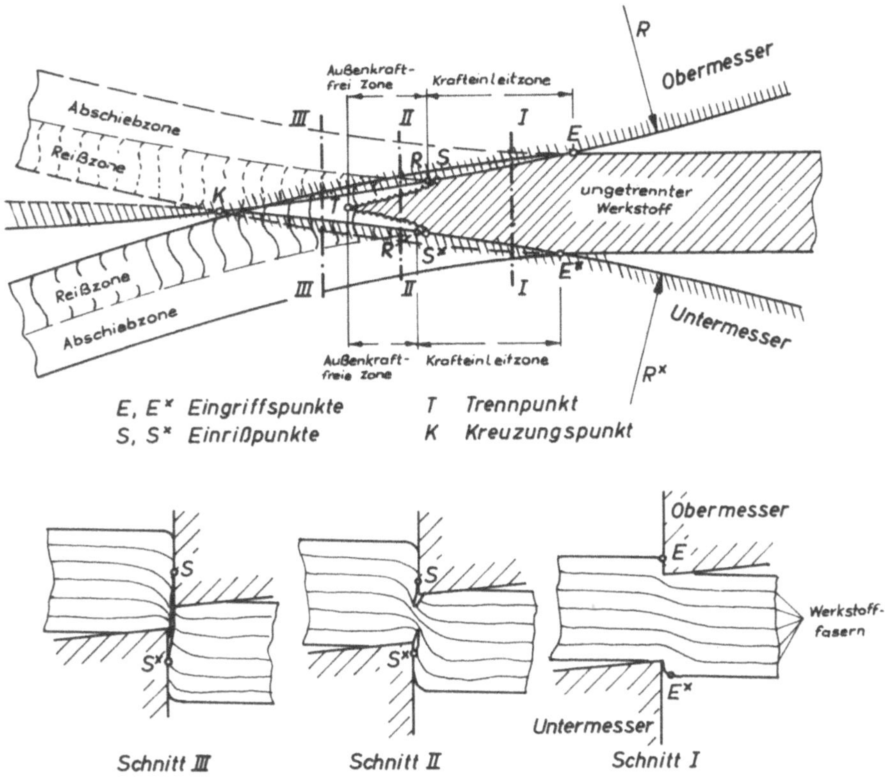

A b b i l d u n g 12

Der Schneidablauf beim kreuzenden Schnitt

Um einen Einblick in den verwickelten Vorgang zu erhalten und um ihn möglichst vollständig zu beschreiben, legten wir uns folgende Fragen vor:

a) Welche Lage nimmt das Werkstück unter den äußeren Kräften zu den Schneidkanten ein?
b) Wie sind die Schneidkräfte über die Schneidkantenlänge verteilt?
c) Was geht beim Schneiden im Innern des Werkstoffes vor sich?

Ihre Beantwortung ist gleichzeitig die Grundlage zur Erklärung der unter verschiedenen Schneidbedingungen gemessenen Schneidkräfte, die dem folgenden Abschnitt vorbehalten ist.

3.1 Die äußeren Kräfte am Blech und seine Lage zu den Schneidkanten

Die äußeren Kräfte am Werkstück können in zwei Gruppen unterteilt werden:

a) die Schneidkräfte, die von den Schneidkanten aufgebracht werden,
b) die Blechhaltekräfte, die der Blechhalter auf das Werkstück ausübt.

Sie müssen als äußere Kräfte am Werkstück im Gleichgewicht stehen und bestimmen die Lage des Bleches zu den Schneidkanten während des Schnittes. Für die folgenden Untersuchungen ist es zweckmäßig, die an den Schneidflächen angreifenden resultierenden Schneidkräfte P_{123} bzw. P_{123}^{x} in Teilkräfte zu zerlegen (Abb.13), und zwar:

a) in eine in der Schneidebene wirkende Teilkraft P_{12} bzw. P_{12}^{x}, die nochmals aufgespalten wird in eine

α) auf der Werkstückebene senkrecht stehende Teilkraft P_1 bzw. P_1^{x}, der Hauptschneidkraft.

β) parallel zur Werkstückebene wirkende Teilkraft P_2 bzw. P_2^{x}, der Fortschreitkraft.

b) in eine senkrecht zur Schneidebene wirkende Teilkraft P_3 bzw. P_3^{x}, die Abdrängkraft, die das abgetrennte Blechteil vom Werkzeug abdrängt.

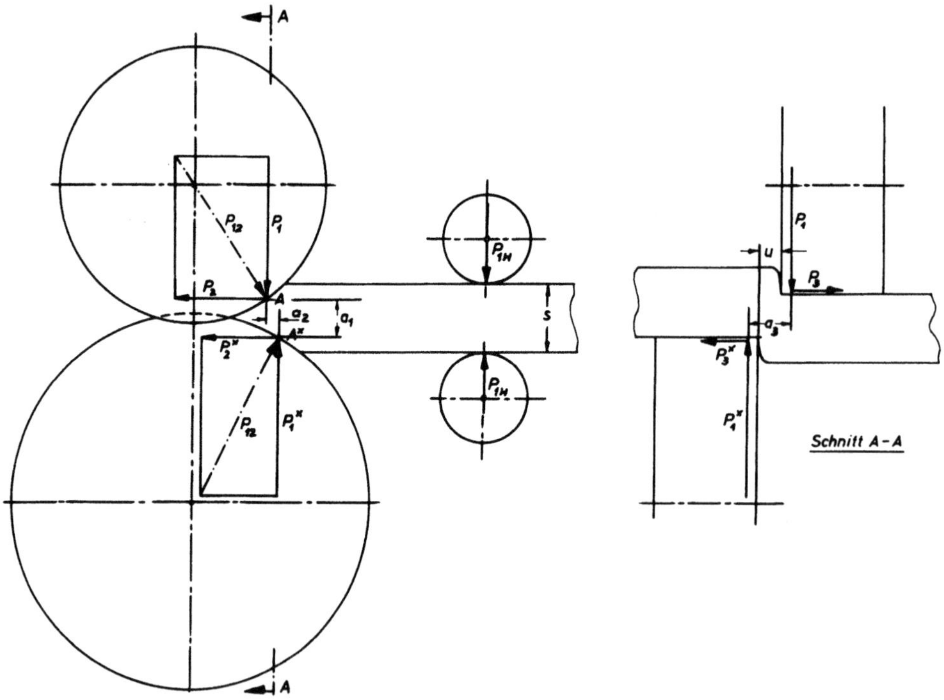

A b b i l d u n g 13

Kräfte am Werkstück

(Kreismesserschere mit Rollenblechhalter)

Die günstigste Anordnung des Blechhalters kann bestimmt werden, wenn die Lage, die das Blech zwischen den Schneidkanten unter den dort wirkenden Kräften einnimmt, bekannt ist. Sie soll im folgenden abgeschätzt werden.

Beim Schnitt zwischen zwei ungleich gekrümmten Schneidkanten stellt sich das Blech symmetrisch zu den Tangenten, die an die Schneidkanten in den Angriffspunkten der resultierenden Schneidkräfte gelegt werden. Unter der Voraussetzung, daß die Angriffspunkte A, A^x gleich weit von den beiden Werkstückoberflächen entfernt liegen, folgt der Einlaufwinkel Λ_a nach einer kurzen Zwischenrechnung aus der Gleichung

$$\frac{R^x}{R} \frac{\sin(\varphi_{aA} - \Lambda_a)}{\sin(\varphi_{aA} + \Lambda_a)} = \frac{\sin 2\varphi_{aA} + \frac{a_1}{R^x} \sin \varphi_{aA}}{} \qquad (6/1)$$

Da die Entfernung a_1 klein gegenüber dem Halbmesser der Kreismesser R bzw. R^x ist, darf die rechte Seite der Gleichung für seine qualitative Abschätzung gleich 1 gesetzt werden.

$$\frac{R^x}{R} = \frac{\sin(\varphi_{aA} + \Lambda_a)}{\sin(\varphi_{aA} - \Lambda_a)} \qquad (6/2)$$

Aus dieser Beziehung erkennen wir, daß der Einlaufwinkel zunimmt, wenn wir den Halbmesser des Untermessers R^x gegenüber dem des Obermessers R vergrößern; das Blech schwenkt zum Obermesser hin.

Unterschiede in der Breite der Schnitteile beeinflussen ebenfalls den Einlaufwinkel, was für Besäumscheren von Bedeutung ist, deren Obermesser einen schmalen Streifen (Saum) vom breiten Blechband abtrennen. Da der Saum wegen seiner geringeren Festigkeit schärfer vom Obermesser abgebogen wird, taucht es tiefer in das Werkstück ein, als das Untermesser, und das Blech läuft unter einem negativen Einlaufwinkel Λ_a in den Einzugsspalt des Werkzeugpaares ein.

In Abbildung 14 ist die Lage des Bleches beim Schneiden gleich breiter Schnitteile zwischen verschieden gekrümmten Schneidkanten (Feld 11 bis 31) und das Teilen von Werkstücken in verschieden breite Streifen zwischen gleich gekrümmten Schneidkanten (Feld 11 bis 13) mit den zwischen beiden Fällen möglichen Kombinationen zusammengestellt. Beide Veränderungen beeinflussen den Einlaufwinkel Λ_a gegensätzlich, wenn wir den Radius des Untermessers und die Breite des auf ihm liegenden Blechbandes festhalten und den Radius des Obermessers sowie die Breite des unter ihm liegenden Saumes verkleinern. Hierdurch gleichen sich dienEinflüsse gegenseitig aus, und wir finden auf der Diagonalen der Abbildung 14 in den Feldern 11 bis 33 die kleinsten Absolutbeträge für den Einlaufwinkel.

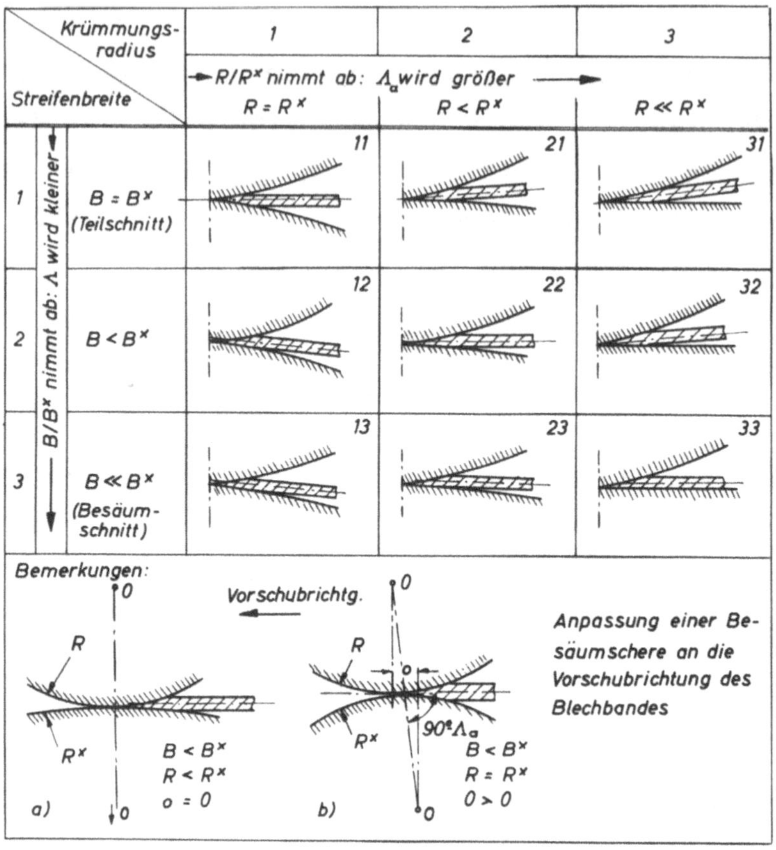

A b b i l d u n g 14

Die Lage des Bleches zu den Schneidkanten bei ungleichen Krümmungsradien und Schnitteilbreiten

Für die Praxis ist diese Erkenntnis von Bedeutung, weil die Vorschubrichtung des Bleches an Walzstraßen meistens durch die vor und nachgeschalteten Arbeitsgänge bestimmt ist, so daß die Schere ihr angepaßt werden muß. Das kann bei Besäumscheren auf zwei Wegen erfolgen:

a) Steht die Verbindungslinie der Kreismessermittelpunkte senkrecht zur Vorschubrichtung, so muß der Kreismesserradius des das Blechband tragenden Untermessers größer sein als der Radius des den Saum abtrennenden Obermessers (Abb.14a).

b) Wenn gleiche Kreismesser verwendet werden, so muß die Verbindungslinie des Blechbandes im Winkel von $90^{o} - \Lambda_{a}^{o}$ schräg gestellt werden, so daß in der Projektion auf die Vorschubrichtung der Mittelpunkt des Obermessers um den Betrag o hinter dem des Untermessers liegt (Abb.14b).

Die um den Betrag a_3 - in der Bezugsebene III_{aW} gesehen - versetzt angreifenden Hauptschneidkräfte P_1 und P_1^x rufen am Werkstück ein Moment hervor, dem der Blechhalter und die um den Betrag a_1 an den Seitenflächen der Messer wirkenden Abdrängkräfte das Gleichgewicht halten:

$$P_1 \cdot a_3 = P_3 \cdot a_1 + M_H$$

M_H = Blechhaltermoment.

Die Hauptschneidkräfte P_1 und P_1^x setzen sich aus den von der Stirnfläche der Schneidkanten eingeleiteten Druckkräften P_{1D} und P^x_{1D} und den an den Stirnflächen wirkenden Reibungskräften $P_3 \cdot \mu_1$ und $P_3^x \; \mu_1$, die Abdrängkräfte aus den an den Freiflächen der Schneidkanten angreifenden Druckkräften P_{3D} und P^x_{3D} und den an den Stirnflächen wirkenden Reibungskräften $P_{1D} \cdot \mu_1$ und $P^x_{1D} \cdot \mu_1$ zusammen (Abb.15).

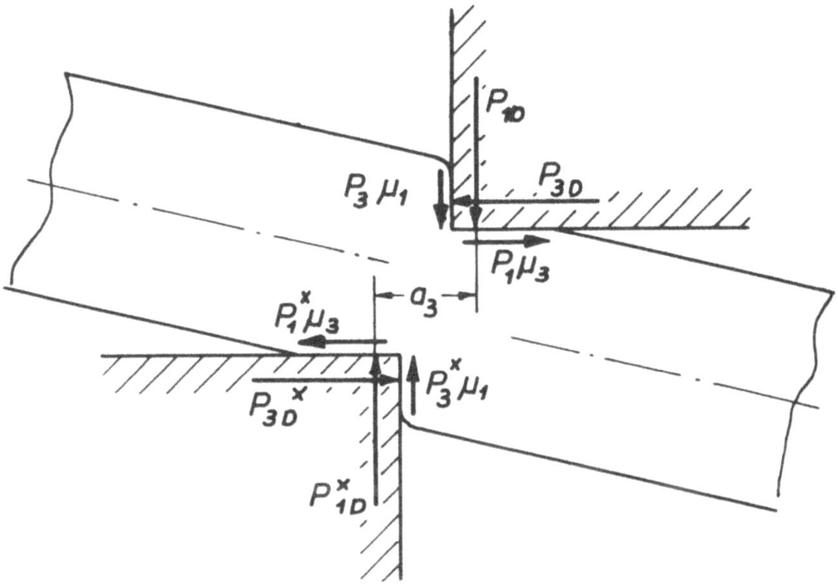

A b b i l d u n g   15

Äußere Kräfte am Blech senkrecht zur Schnittebene

Der Anteil des vom Blechhalter übernommenen Momentes M_H wird durch die Verformung des Bleches zwischen ihm und der Schnittstelle bestimmt; je größer sie ist, desto stärker wird das Werkstück von den Seitenflächen der Schneidkanten abgestützt, und die Abdrängkräfte nehmen zu. Die Verformung des Bleches wächst mit zunehmender Entfernung zwischen Blechhalter und Schneidstelle und abnehmender Blechdicke und -breite. Daher werden die Abdrängkräfte außer von der Hauptschneidkraft von der Blechhaltung maßgeblich mitbestimmt, ein Umstand, der oft übersehen wird.

3.2 Kraftverteilung an den Schneidkanten

Die schräg zur Werkstückoberfläche stehenden Schneidkanten dringen während des Schnittes in die Werkstückoberfläche ein und verschieben gleichzeitig die Schnitteile längs ihrer Schnittufer gegeneinander. Hierdurch wird ein Teil der an der Stirnfläche der Werkzeuge eingeleiteten Kräfte durch die Schnitteile selbst, d.h. durch den Werkstückstoff übertragen. Das ist der Grund dafür, daß sich die Schnitteile längs der Eingriffsstrecke der Schneidkanten von diesen weg krümmen und, bevor der zwischen ihnen befindliche Werkstoffquerschnitt vollends getrennt ist, von den Stirnflächen der Schneiden nicht mehr berührt werden.

Diese Erscheinung wird durch Aufwölbungen bestätigt, die nahe der Schnittkante auf der Eindrucksfläche der Werkzeugstirnseite beobachtet wurden.

Sie sind in Abbildung 16 erkennbar, welche senkrecht zur Schnittebene gelegte Querschnitte durch ein 4 mm dickes Blech zeigt, das auf der Kreis-Langmesserschneidvorrichtung eingeschnitten wurde; in den Querschnitten I und II ist die Eindruckfläche der Kreismesserstirnseite noch eben, während in dem etwa 19 mm vom Eingriffspunkt entfernten Schnitt III bereits deutlich eine Aufwölbung sichtbar wird, die sich bis zum Abschluß der Trennung (Schnitt 4) noch verstärkt.

Mit Hilfe dieser und noch weiterer Querschnitte wurde das im Schnitt befindliche Werkstück in der Seitenansicht im Maßstab 10 : 1 vergrößert dargestellt (Abb.17) und anhand der gemessenen gegenseitigen Verschiebungen der Schnitteile der Punkt R bestimmt, bis zu dem die Stirnfläche der Kreismesserschneidkante noch auf der Werkstückoberfläche anliegt. Wir können somit zwei Beanspruchungszonen an der Trennstelle des Werkstückes unterscheiden:

a) Die Krafteinleitzone, längs der die Schneidkanten mit ihrer Stirnfläche am Werkstück aufliegen.
b) Die außenkraftfreie Zone, in der der Werkstoff unter den von den Schnitteilen übertragenen Kräften reißt.

Das gilt für den kreuzenden Schnitt allgemein, einerlei ob zwischen geraden oder gekrümmten Schneidkanten geschnitten wird, weil alle schräg zu den Schneidkanten liegenden Schnitteile Schneidkräfte übertragen; wenn auch die außenkraftfreie Zone beim Schnitt zwischen gekrümmten Schneidkanten größer ist als beim Schnitt zwischen geraden Schneidkanten und, wie Stichversuche zeigten, mit dem Eingriffswinkel zunimmt.

Auf Grund der vorher genannten Messungen und mit Hilfe des von CHANG und SWIFT [13] aufgenommenen Kraft-Weg-Verlaufes beim vollkantigen Schnitt wurde die Verteilung der Schneidkräfte auf der Stirnfläche der in Eingriff befindlichen Schneidenteile abgeschätzt (Abb.18).

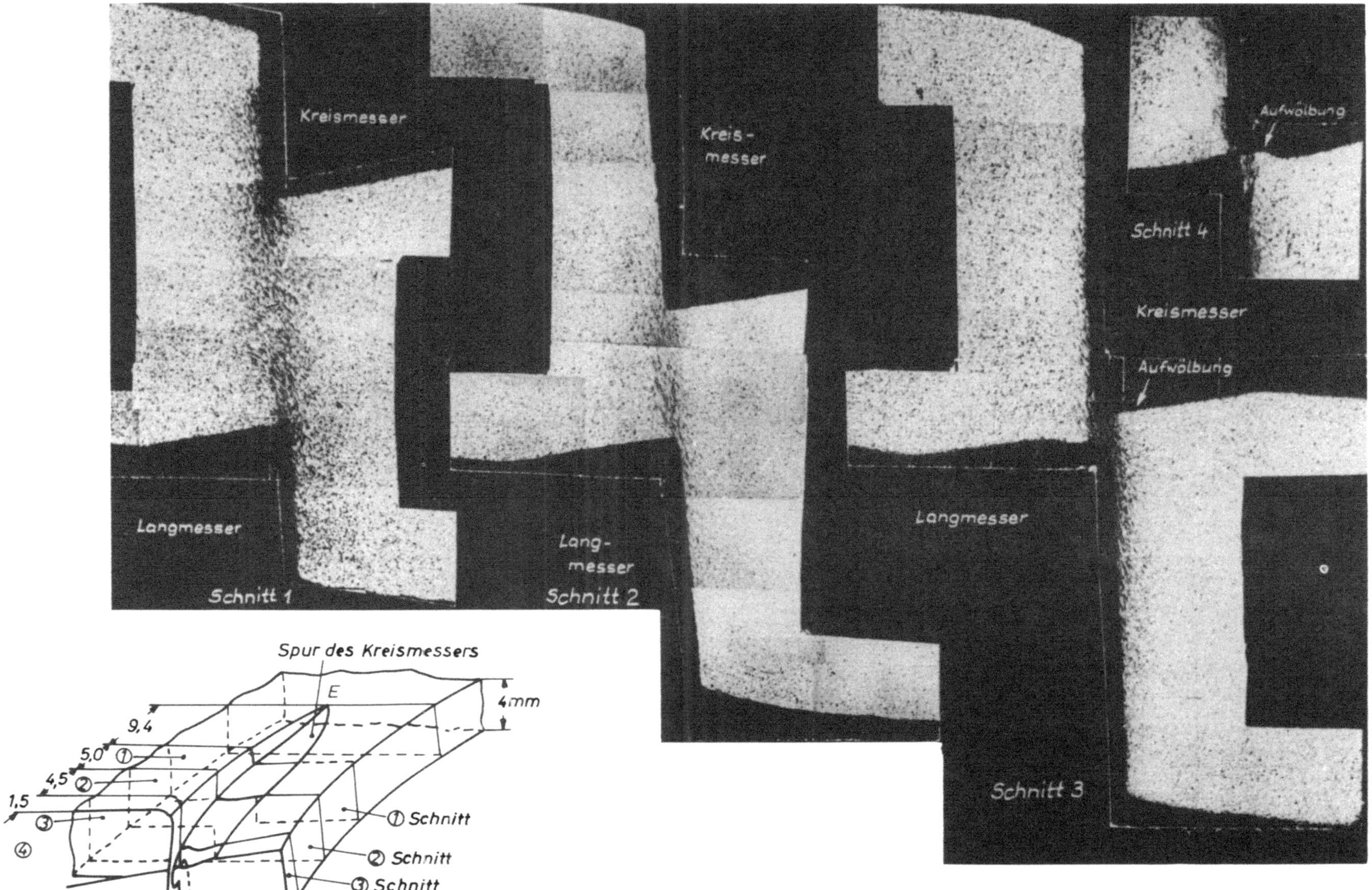

A b b i l d u n g 16

Stufen des Schneidvorganges (Kreis-Langmesserschnitt)

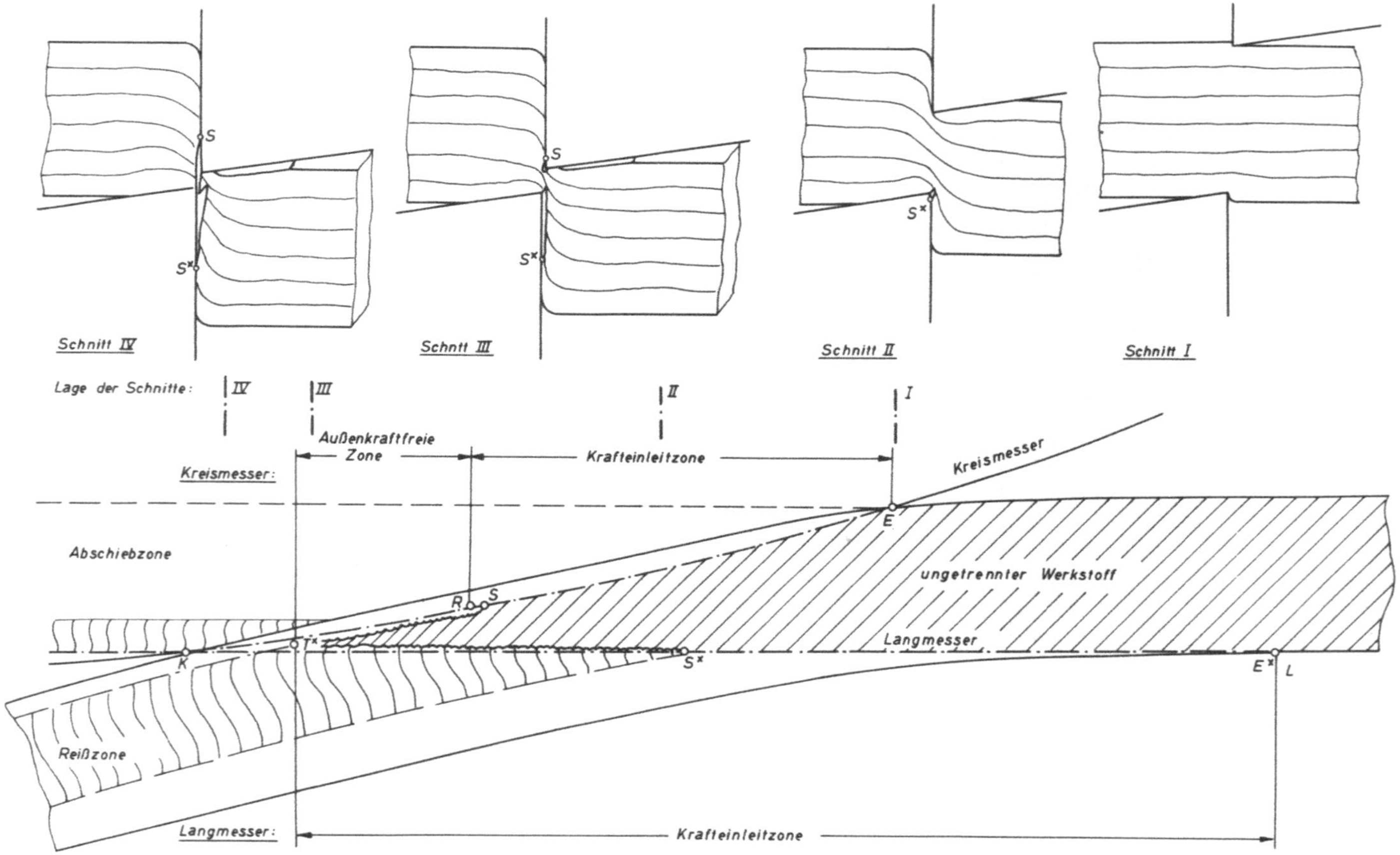

A b b i l d u n g 17

Schneid- und Beanspruchungszonen beim kreuzenden Schnitt

V: Kreislangmesserschnitt

Wkz: R = 125, $\beta_a = \beta_a^x = 80^o$ Pg. s/R = 0,032, u/s = 0,02

Wst: Stahl St VIII., s = 4 mm e/R = 0,045, B/s = 10

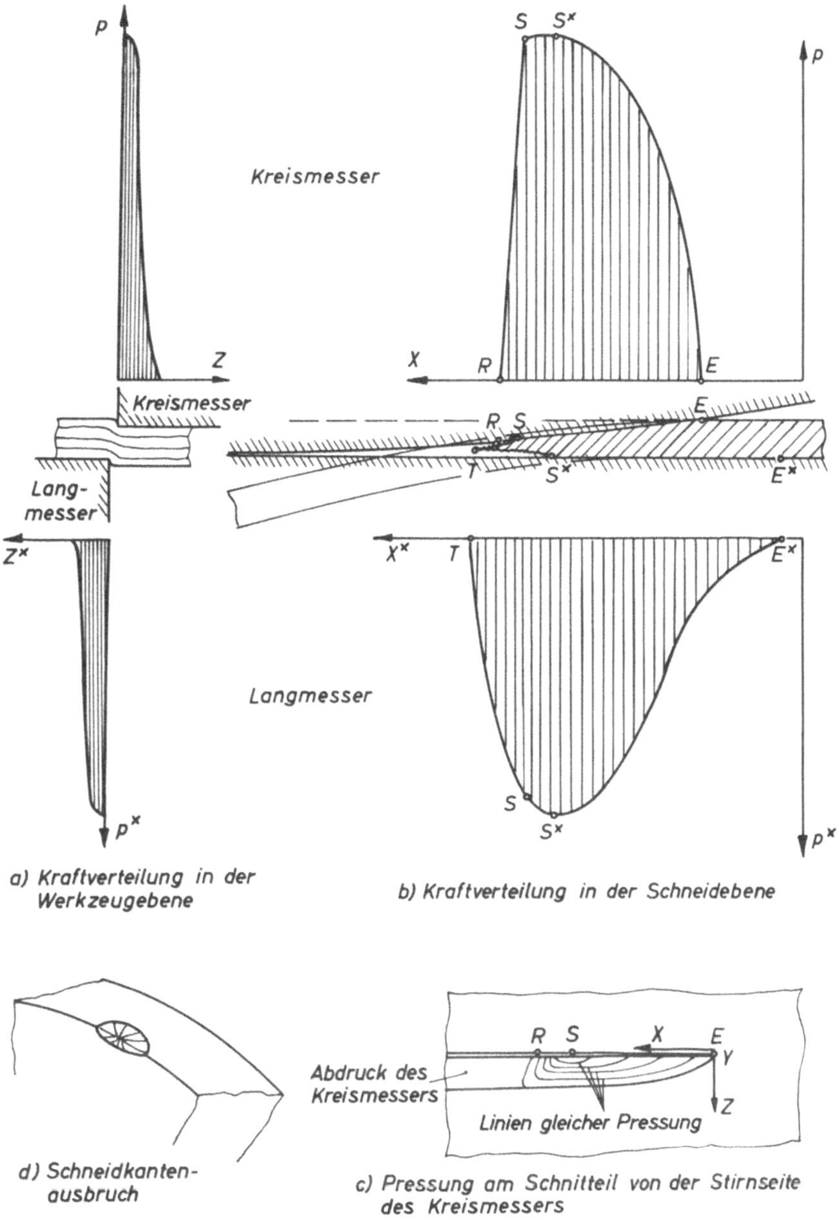

a) Kraftverteilung in der Werkzeugebene

b) Kraftverteilung in der Schneidebene

d) Schneidkanten-ausbruch

c) Pressung am Schnitteil von der Stirnseite des Kreismessers

Abbildung 18

Kraftverteilung an den Schneidkanten beim kreuzenden Schnitt

Danach steigt die Flächenpressung p an der Werkzeugstirnfläche vom Eingriffspunkt E aus bis zum Einrißpunkt S bzw. S^x an und fällt, infolge der von der Werkstückoberfläche ausgehenden Risse am Obermesser bis zum Punkt R und am Untermesser bis zum Trennpunkt T wieder auf 0 ab (Abb.18b).

Aus Gleichgewichtsgründen muß die Summe der Schneidkräfte an beiden Werkzeugstirnflächen gleich groß sein. Da sie sich am vollkantig schneidenden Untermesser auf eine größere Fläche verteilen als am schräg zur Blechoberfläche stehenden, nur bis R in Eingriff befindlichen Obermesser, ist die maximale Flächenpressung auf seiner Stirnseite größer. Diese Erkenntnis ist für den Verschleiß der Werkzeuge an ihrer Stirnfläche von Bedeutung. Da er außer von der Gleitung hauptsächlich von der Flächenpressung abhängt, muß der Stirnflächenverschleiß an schräg zum Werkstück stehenden Messern größer sein als an vollkantig schneidenden; diese Beobachtung wurde von der Praxis bestätigt.

Die gezeichnete Kraftverteilung (Abb.18) entspricht im großen und ganzen auch der an Kreismesser-Besäumscheren vorliegenden. Bei ihnen biegt das Obermesser den unter ihm liegenden Saum scharf ab, so daß seine Krafteinleitzone gegenüber der am Untermesser, welches das Blechband stützt, kleiner ist als an Kreis-Langmesserscheren. Das ist die Erklärung dafür, warum sich nach FLYNN [26] und den Erfahrungen von Scherenbenutzern das Obermesser an Besäumscheren stärker abnutzt als das Untermesser.

Die an Besäumscheren an der Stirnfläche des Obermessers auftretenden Ausbrüche (Abb.18d) dürften auf eine zu hohe Flächenpressung zurückzuführen sein; denn von den in Abbildung 18c eingezeichneten Linien gleicher Pressung geben die in der Nähe von S liegenden, die der höchsten Pressung entsprechen, die Form der Kantenausbrüche wieder.

3.3 Die Vorgänge im Innern des Werkstückes

Im Gegensatz zu den bisherigen Ausführungen, die die äußere Beanspruchung an der Schnittstelle zum Gegenstand hatten, wird in diesem Abschnitt auf den Beanspruchungsverlauf des im Schnitt befindlichen Werkstoffquerschnittes, auf die Spannungsverhältnisse und die Verformung der Werkstoffasern im Innern des Werkstückes eingegangen. Diese Untersuchung ist von unmittelbarer praktischer Bedeutung, weil sie Auskunft über die Entstehung des Grates, der Zipfelbildung und andere die Sauberkeit der Schnittfläche beeinträchtigende Erscheinungen gibt.

Um in die im Werkstoff ablaufenden Vorgänge einen Einblick zu erhalten, schnitten wir auf den erstellten Schneidvorrichtungen Bleche ein und sägten sie in verschiedenen Ebenen senkrecht zum Einschnitt und zur Werkstückmittelebene auf. Danach wurden die Veränderungen im Werkstückgefüge durch Polieren und Ätzen der durch die Schneidzone gelegten Querschnitte sichtbar gemacht [34]. Zur Entwicklung des Feingefüges benutzten wir verdünnte Salpetersäure und machten mit dem Ätzmittel von ADLER-MATTING [35], welches stärker verformte Werkstoffpartien mehr angreift als weniger verformte, die Ausdehnung der verformten Werkstoffzone sichtbar.

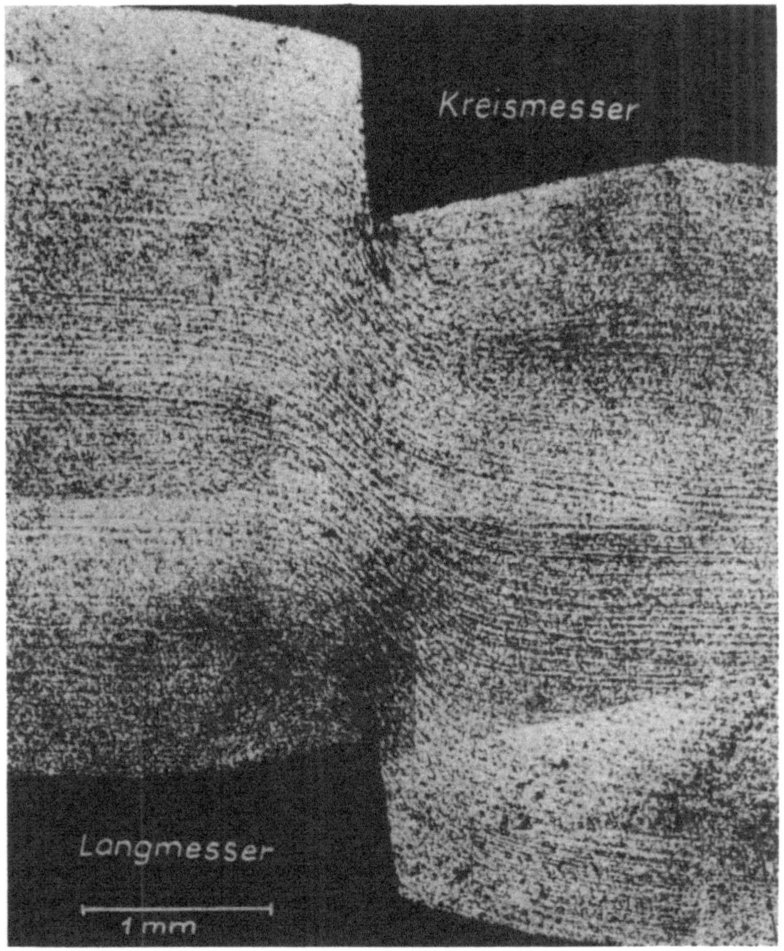

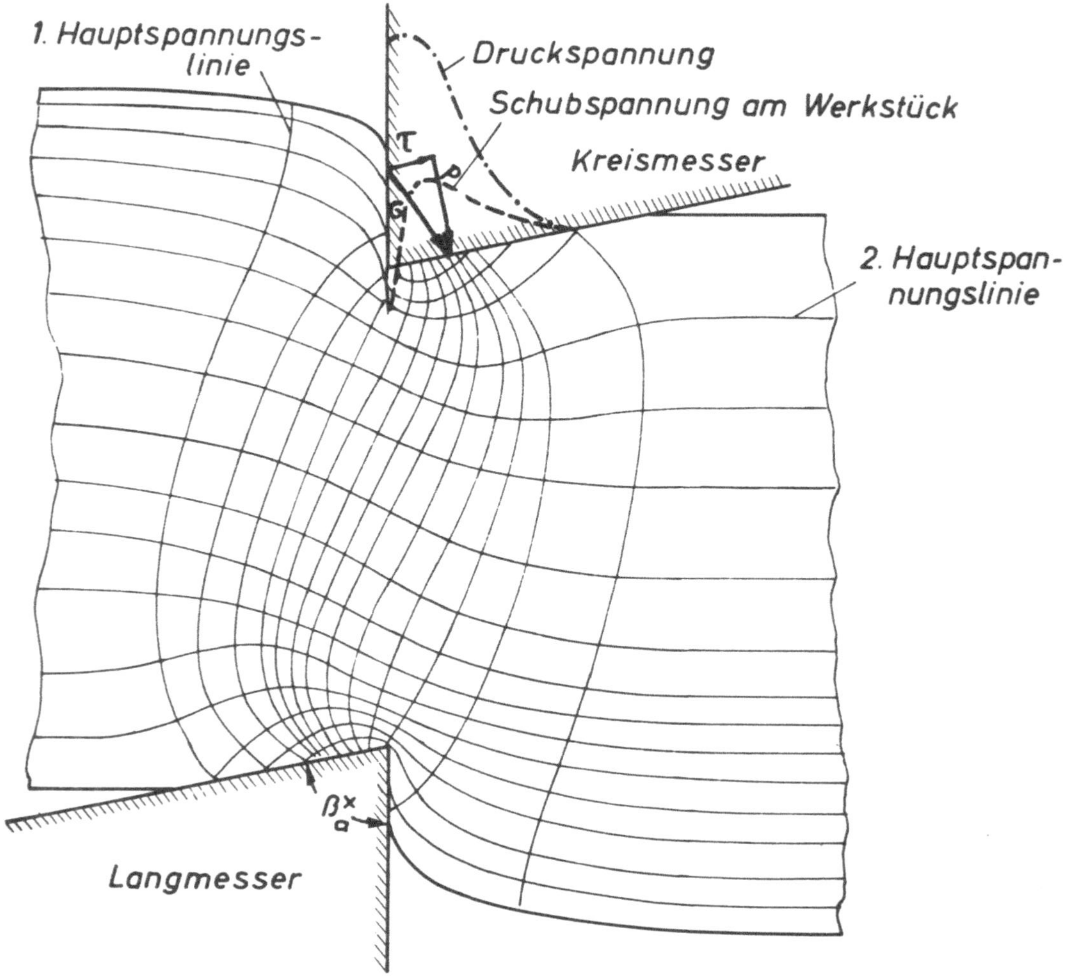

A b b i l d u n g 19

Hauptspannungslinien im Werkstück in der Verformungszone
V: Kreis-Langmesserschnitt
Wkz: R = 125 mm, $\beta_a = \beta_a^x = 80^\circ$, Pg: s/R = 0,032, u/s = 0,01
Wkst: Stahl St VIII, s = 4mm, e/R = 0,045, B/s = 10

3.31 Vorgänge beim Eindringen der Schneidkanten in den Werkstoff

Die bildsame Verformung des Werkstoffes zu Beginn des Schneidvorganges ist in dem Querschnitt (Abb.19) zu erkennen, der senkrecht zur Schnittlinie und Werkstückmittelebene durch die Abschiebzone gelegt wurde. Die Hauptverformungsrichtungen decken sich mit den Hauptspannungsrichtungen, so daß die im Bild erkennbaren Linien gleichzeitig die Richtung einer Hauptspannung angeben. Dem Beanspruchungszustand des Bleches zufolge ist es diejenige der zweiten Hauptspannung, zu der die erste Hauptspannung senkrecht steht. Danach ergibt sich im Werkstoffquerschnitt der im vorstehenden Bild gezeichnete Verlauf der Hauptspannungstrajektoren.

Zu dem angedeuteten Verlauf der Spannungstrajektorien gehören an den Stirnflächen der Werkzeuge einander zugeordnete Schubspannungen, die am Werkstück von den Schneidkanten weggerichtet sind; unter ihrer Einwirkung wird der Werkstoff zu den Schneidkanten hingezogen. Wieweit es dabei zu einer Gleitung des Werkstoffes längs der Werkzeugstirnfläche kommt, hängt von den Reibungsverhältnissen an den Schneidkanten ab. Bei Verschleißuntersuchungen am Schnitt zwischen Stempel und Schnittplatten wiesen TIMMERBEIL [3] und W.KIENZLE [6] einen Werkstofffluß an den Stirnseiten der Werkzeuge zur Schneidkante hin nach.

Aus der Richtung der ersten Hauptspannung zur Werkzeugstirnfläche kann die Verteilung der Schubspannung an der Werkstückoberfläche abgeschätzt werden. Die Schubspannung steigt zu den Schneidkanten hin zunächst an und fällt danach ab. Sie kehrt unter den Schneidbedingungen, die der gezeichneten Spannungsverteilung (Abb.19) zugrunde gelegt wurden, sogar in unmittelbarer Nähe der Schneidkante ihre Richtung um. Dort wird der Werkstoff von den Schneidkanten, die wie ein Keil in das Werkstück eindringen, gewissermaßen weggequetscht.

3.32 Werkstoffbeanspruchung und Rißbildung

Die Zone der größten Werkstoffbeanspruchung wurde durch Ätzen mit dem Ätzmittel nach ADLER-MATTING sichtbar gemacht. Die Abbildung 20 zeigt einen in dieser Weise behandelten Querschnitt durch ein 8 mm dickes Blech, welches auf der Kreis-Langmesserschneidvorrichtung eingeschnitten wurde. Man erkennt, daß der Werkstoff nur innerhalb einer schmalen Zone beansprucht wird, die von einer Schneidkante zur anderen läuft und von der Werkstoffoberfläche zur Mitte hin immer blasser wird. Letzteres deutet bereits darauf hin, daß der Werkstoff in der Nähe der Schneidkanten höher als in der Mitte des Scherquerschnittes beansprucht wird.

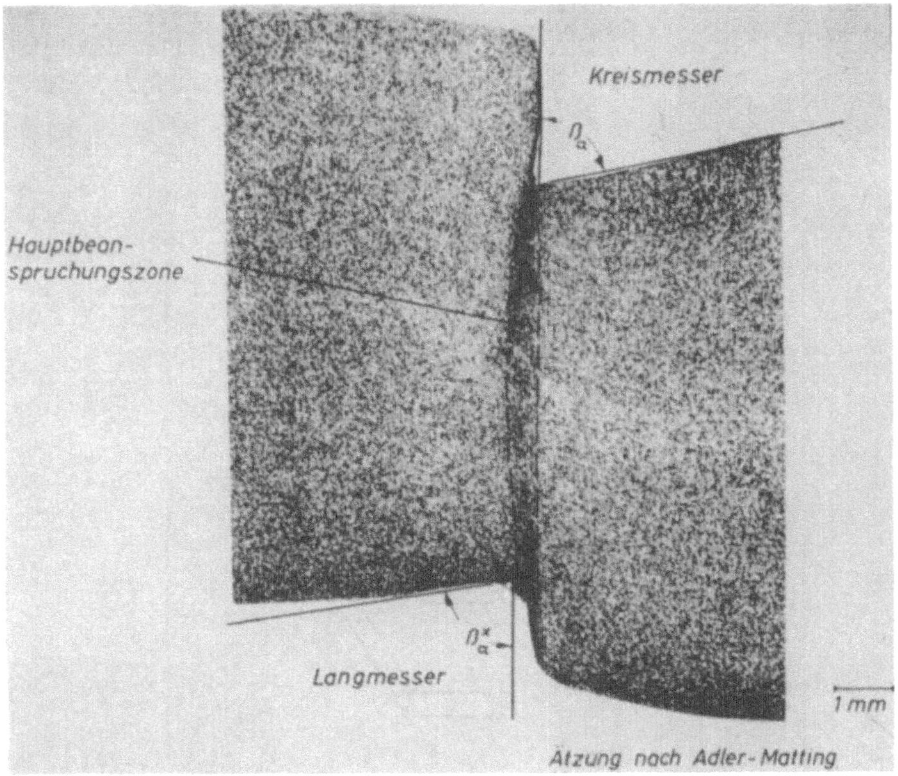

A b b i l d u n g 20

Beanspruchungsverlauf im Werkstück

V: Kreis-Langmesserschnitt

Wkz: R = 200 mm $\beta_a = \beta_a^x = 80^0$

Wkst: Stahl St 37 s = 8 mm

Pg: s/R = 0,04 u/s = 0,1

e/R = 0,045 B/s = 10

Diese Erscheinung findet in der photoelastischen Untersuchung von FREY [30] an einem zweischnittig belasteten Körper ihre Bestätigung, an dem dieser an der Oberfläche erheblich höhere Schubspannungen maß als in der Mitte. Aus diesem Grunde reißt der Werkstoff von den Schneidkanten aus ein.

Da der Werkstoff durch die Reibung an den Stirnflächen der Werkzeuge in der Gleitung behindert wird, werden die Randfasern hauptsächlich vor den Schneidkanten gestreckt. Hierdurch bildet sich eine breite verfestigte Werkstoffzone vor den Seitenflächen der Schneiden im Schneidspalt; sie hebt sich in Abbildung 21 durch ihre dunkelere Färbung und die gestreckten Körner von der Umgebung ab. Hinzu kommt, daß der Werkstoff unter den Stirnflächen der Schneiden unter hohem Druck steht, so daß dort seine Verformungsfähigkeit größer ist als vor den Schneiden. Infolgedessen

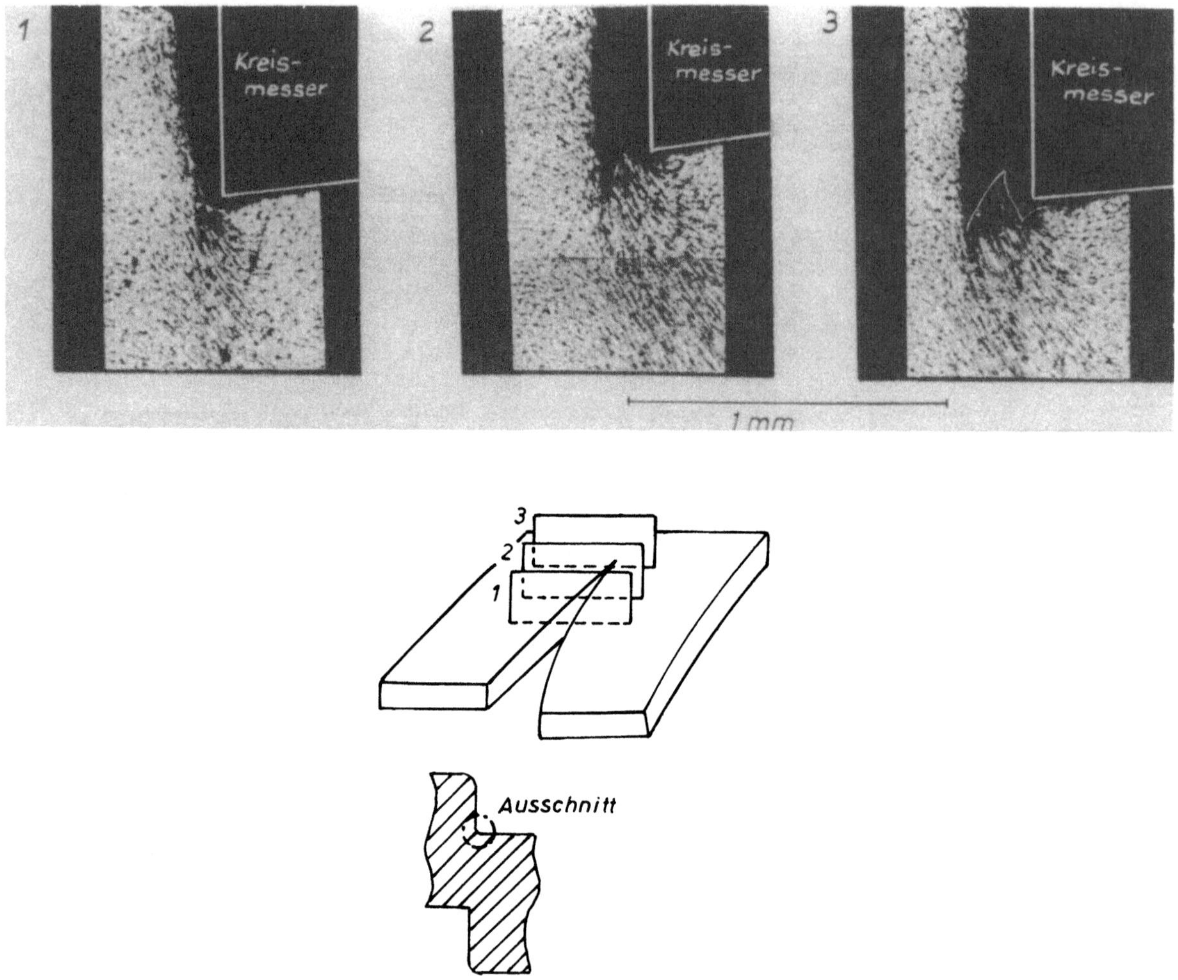

A b b i l d u n g   21

Entstehung des Grates

V: Kreis-Langmesserschnitt

Wkz: R = 80 mm $\beta_a = \beta_a^x = 80^o$

Wkst: Stahl St VIII   s = 4 mm

Pg: s/R = 0,05   u/s = 0,1

e/R = 0,05   B/s = 10

reißt der Werkstoff nicht an der Schneidkante, sondern in einem gewissen Abstand von ihr vor der Freifläche der Werkzeuge ein. Hierin erblikken wir die Ursache für die Entstehung des Grates, die TIMMERBEIL bei der Untersuchung des vollkantigen geschlossenen Schnittes fand [3] und die gemäß Abbildung 21 die Gratbildung beim offenen Schnitt ebenfalls erklärt.

Es entsteht nun die Frage, in welcher Richtung zunächst die Einrisse in den Werkstoff vordringen. Nach den beiden für das Schneiden von Metallen in Frage kommenden Hypothesen der Festigkeitslehre [31], der

Hypothese der größten Schubspannung und der Hypothese der größten Gestaltsänderungsarbeit ist zu erwarten, daß sie entlang der Gleitebenen erfolgt, an denen die Schubspannungen am größten sind. Sie bilden ebenfalls wie die Hauptspannungslinien zwei senkrecht aufeinander stehende Linienscharen und stehen zu jenen im Winkel von 45°.

Da die einander zugeordneten längs der Schubspannungstrajektorien wirkenden Schubspannungen gleich groß sind, kann die Trennung jeweils in zwei Richtungen erfolgen. LEHMANN [4] wies darauf hin, daß der Verlauf der Trennung sowohl durch die Beanspruchung der betreffenden Stelle als auch durch die Beanspruchung der Nachbarschaft bestimmt wird, d.h. durch das gesamte Spannungsfeld. Die Zone der größten Werkstoffbeanspruchung läuft gemäß Abbildung 20 von Schneidkante zu Schneidkante. Deshalb folgen die Risse den Gleitebenen, die in die Richtung der gegenüberliegenden Schneide weisen (Abb.22).

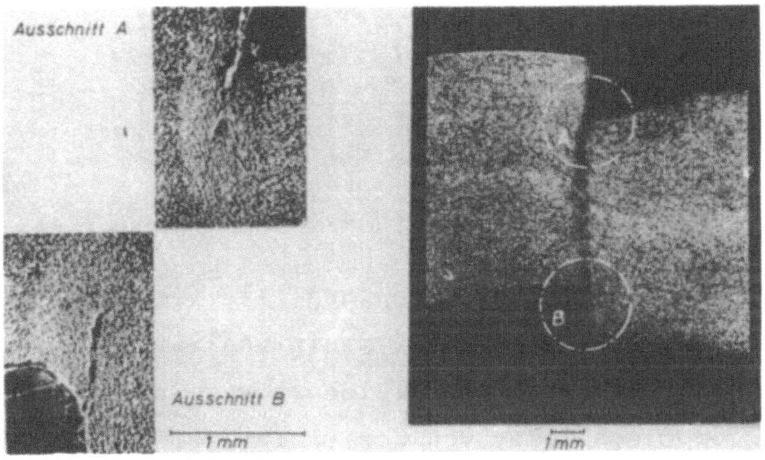

A b b i l d u n g   22

Querschnitt durch die Schnittkante am Beginn der Reißzone

V: Kreis-Langmesserschnitt

Wkz:	R = 200 mm	$\beta_a = \beta_a^x = 80^\circ$
Wkst:	Stahl St 37	s = 8 mm
Pg:	s/R = 0,032	u/s = 0,005
	e/R = 0,045	B/s = 10

In den Ausschnitten A und B der Abbildung von der Umgebung der Schneiden erkennt man, daß die Einrisse im Winkel von 45° zu den hell und dunkel erscheinenden Verformungslinien in den Werkstoff vordringen, die mit den Hauptspannungslinien identisch sind.

Somit geben uns die Verformungslinien Auskunft über die Richtung der an den Schneidkanten beginnenden Risse. Der durch sie ermittelte Winkel zwischen der Gleitebene und der Schneidebene (Abb.23) von etwa 7° bis 8° stimmt gut mit dem entsprechenden am Einriß gemessenen Winkel überein.

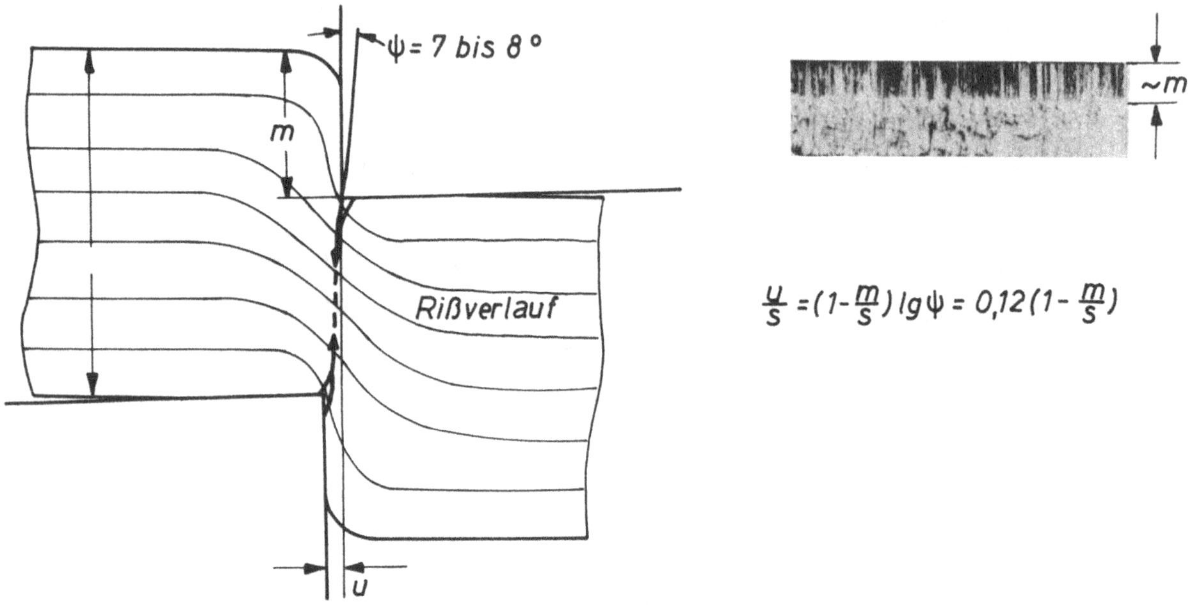

A b b i l d u n g   23

Optimaler Schneidspalt beim offenen Schnitt

Das ist insofern von praktischer Bedeutung, als wir nach dem für die Festigkeitslehre allgemein gültigen Prinzip von St. VERNANT in der näheren Umgebung der Schneidkanten ein gleichartiges Spannungsfeld erwarten dürfen, das von der Blechdicke, von der Eindringtiefe bis zum Rißbeginn m oder vom Werkstoff weitgehend unabhängig ist. Da wir nun den Schneidspalt im Hinblick auf die Güte der Schnittfläche möglichst so wählen wollen, daß die Risse aufeinander zulaufen, gewinnen wir durch die Betrachtung eine Gleichung für den optimalen Schneidspalt:

$$\frac{u}{s} = \left(1 - \frac{m}{s}\right) \operatorname{tg}\psi = 0{,}12 \left(1 - \frac{m}{s}\right)$$

Das Verhältnis $\frac{m}{s}$ wird bekanntlich mit zunehmender Blechdicke kleiner und ist für zähe Werkstoffe größer als für harte und spröde Werkstoffe. Das bedeutet, daß der Schneidspalt bei dicken Blechen relativ zur Blechdicke größer als bei dünnen und bei zähen Werkstoffen kleiner als bei spröden gewählt werden muß; eine Forderung, der der Praktiker oft schon gefühlsmäßig nachkommt. Da jedoch die Größe m an der blanken Textur der Schnittfläche einfach auszumessen ist (Abb.23), hilft die Beziehung den günstigsten Schneidspalt rasch aufzufinden.

Nur bei symmetrischen Schneidverhältnissen, d.h. beim Schnitt zwischen gleich gekrümmten oder geraden Schneidkanten, die im gleichen Winkel am Werkstück angreifen und dieses in gleich breite Streifen teilt, wird der Werkstoff an beiden Schneidkanten gleich hoch beansprucht. An welcher der beiden Schneidkanten er bei unsymmetrischen Schneidverhältnissen höher beansprucht wird, kann anhand des Einrißbeginns beurteilt werden. Dazu legten wir, wie vorher beschrieben, mehrere Querschnitte durch die Schnittstelle und stellten so die Stufen des Schneidvorganges beim Kreismesserschnitt und Kreis-Langmesserschnitt dar (Abb.24 bis 27).

Beim Schnitt zwischen Kreismessern ungleichen Halbmessers reißt der Werkstoff gemäß Abbildung 24 von der weniger gekrümmten Schneidkante aus ein, obwohl durch entsprechende Anordnung des Blechhalters dafür gesorgt

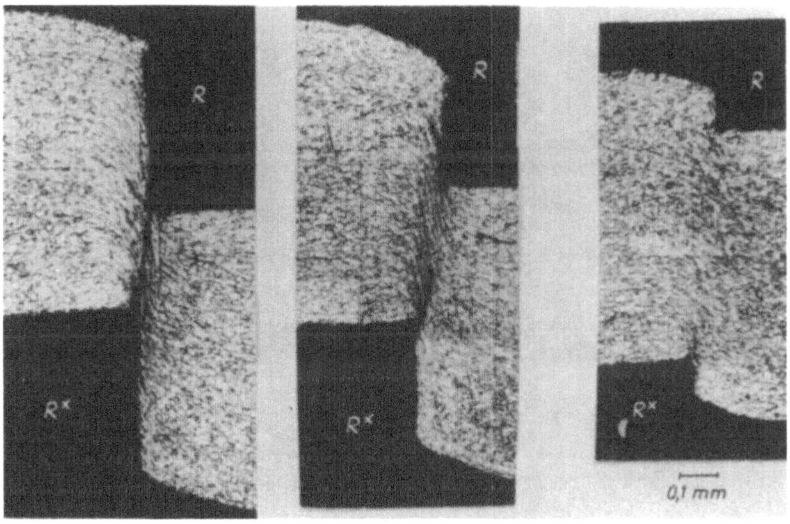

A b b i l d u n g 24
Stufen des Schneidvorganges; unsymmetr. Schneidverh.
$R = 32{,}5$ mm $R^x = 75$ mm
V: Kreismesserschnitt

Wkz: $\beta_a = \beta_a{}^x = 90^\circ$
Wkst: Stahl St VIII $s = 0{,}8$ mm
Pg: $s/R = 0{,}025$ $u/s = 0{,}05$
$e/R = 0{,}032$ $B/s = 40$
$B/B^x = 1$

wurde, daß die Eingriffspunkte der Werkzeuge auf der gleichen Normalen zur Werkstückebene lagen. Das ist durch die stärkere Abnahme des Eingriffswinkels am Kreismesser mit dem kleineren Halbmesser zu erklären, derzufolge die Flächenpressung vom Eingriffspunkt der Schneidkante entlang der Eingriffsstrecke flacher verlaufen muß, so daß der Werkstoff erst nach tieferem Eindringen der Schneidkante überbeansprucht wird.

Beim Schnitt zwischen gleichen Kreismessern, an denen der Blechhalter aber so angeordnet ist, daß das Untermesser vor dem Obermesser am Werkstück eingreift, reißt der Werkstoff gemäß Abbildung 25 an der Schneidkante des Untermessers zuerst ein. Das bedeutet, daß der Werkstoff, jeweils in der gleichen zur Schnittebene senkrechten Ebene betrachtet, am Untermesser höher beansprucht wird als am Obermesser.

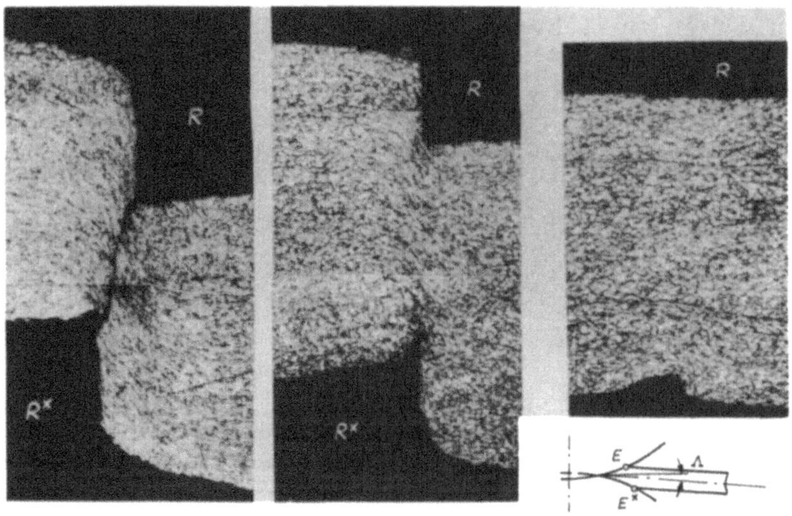

A b b i l d u n g 25

Stufen des Schneidvorganges; unsymmetr. Schneidverh.

$\Lambda_a \approx -5^{o}$

V: Kreismesserschnitt

Wkz: $R = R^x = 57{,}5$ mm; $\beta_a = \beta_a{}^x = 90^{o}$

Wkst: Stahl St VIII; $s = 0{,}8$ mm

Pg: $s/R = 0{,}014$ $B/s = 40$

$u/s = 0{,}05$ $B/B^x = 1$

Beim Schnitt zwischen Kreismesser und Langmesser kommen beide Faktoren zusammen, weil das vollkantig schneidende Untermesser einserseits vor dem Kreismesser - in der Schnittebene gesehen - in das Werkstück eindringt und andererseits an der geraden Untermesserschneide die Beanspruchung - in gleichen Ebenen normal zur Werkstück- und Schnittebene gesehen - höher sein muß als das an der gekrümmten Schneide des Kreismessers. Deshalb ist es durchaus verständlich, warum gemäß Abbildung 26 bei diesem Schneidverfahren der erste Anriß vom Langmesser ausgeht.

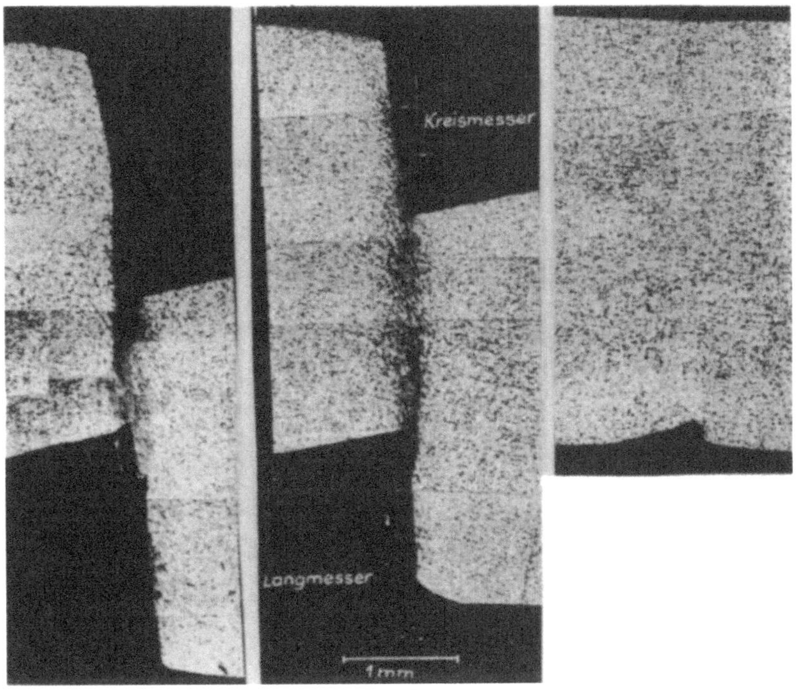

A b b i l d u n g 26

Stufen des Schneidvorganges

V: Kreis-Langmesserschnitt

Wkz: R = 125 mm $\beta_a = \beta_a^x = 90^o$

Wkst: Stahl St 37.11

Vergleichen wir den Beginn der Einrisse bei symmetrischen Schneidverhältnissen (Abb.27) mit dem vorher beschriebenen Schneidvorgang bei unsymmetrischen Verhältnissen (Abb.24 bis 26), so fällt auf, daß bei erster Schneidanordnung der Werkstoff nach geringerer Eindringtiefe der Schneiden einreißt als bei letzterer. Da sich Werkstoffasern, die gerissen sind, nicht mehr verformen, bedeutet das bei symmetrischen Schneidverhältnissen die Verformung und die damit verbundene Verfestigung des Werkstoffes in der Schneidzone geringer sein muß als bei unsymmetrischen Schneidverhältnissen. Das ist von unmittelbarem praktischem Interesse, weil einerseits verfestigte Schnittkanten an Werkstücken im Hinblick auf ihre Weiterbearbeitung unerwünscht sind und andererseits sich die Schneidkräfte durch die Verfestigung des Werkstoffes an der Schnittstelle erhöhen, worauf später (Abschn.4) noch zurückgekommen wird.

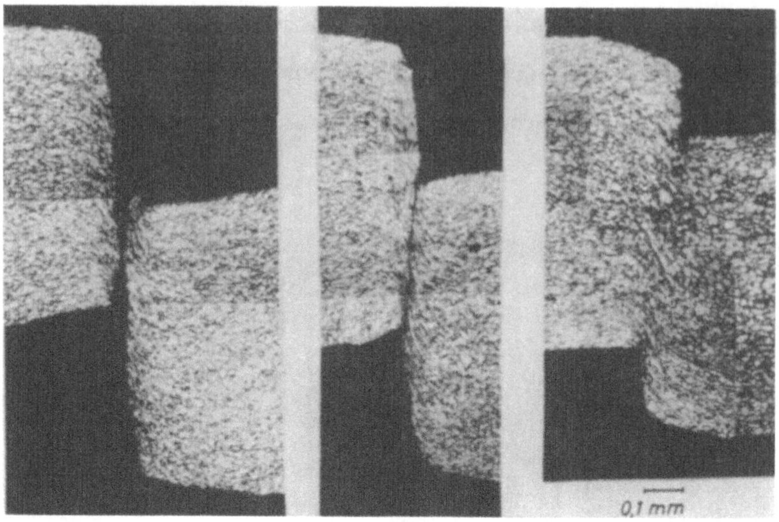

A b b i l d u n g 27

Stufen des Schneidvorganges; symmetr. Schneidverh.

$e/R = 0{,}016$ $\varphi a = \varphi_a{}^x = 10{,}2^\circ$

V: Kreismesserschnitt

Wkz: $R = R^x = 57{,}5$ mm $\beta_a = \beta_a{}^x = 90^\circ$

Wkst:Stahl St VIII $s = 0{,}8$ mm

Pg: $s/R = 0{,}014$ $u/s = 0{,}05$

$B/s = 40$ $B/B^x = 1$

3.33 Trennung in der Reißzone

An den längs der Gleitlinie erfolgten Einrissen können keine Schubspannungen mehr übertragen werden. Damit ändern sich die Spannungsverhältnisse im Werkstoff grundlegend, die Hauptschublinie wird zur Hauptspannungslinie. Nun kann auch die Richtung der Hauptspannungen nicht mehr an der Verformungstextur der Querschnitte abgelesen werden. Die Hauptbeanspruchungszone wird gemäß Abschnitt 3.32 weiter von der einen zur anderen Schneidkante hin gerichtet sein, doch muß an den Rissen als Folge der Kerbwirkung mit einer verstärkten Werkstoffbeanspruchung gerechnet werden.

Bei kleinen Schneidspalten laufen die Risse aus dem Gebiet der höchsten Beanspruchung heraus, und es kommt zu neuen Anrissen. Beim Schneiden dicker Bleche kommt es so vor beiden Schneidkanten zu einer größeren Anzahl von Einrissen, die wir Risse erster Art nennen wollen. Durch sie sieht die Schnittfläche schuppig aus (Abb.28).

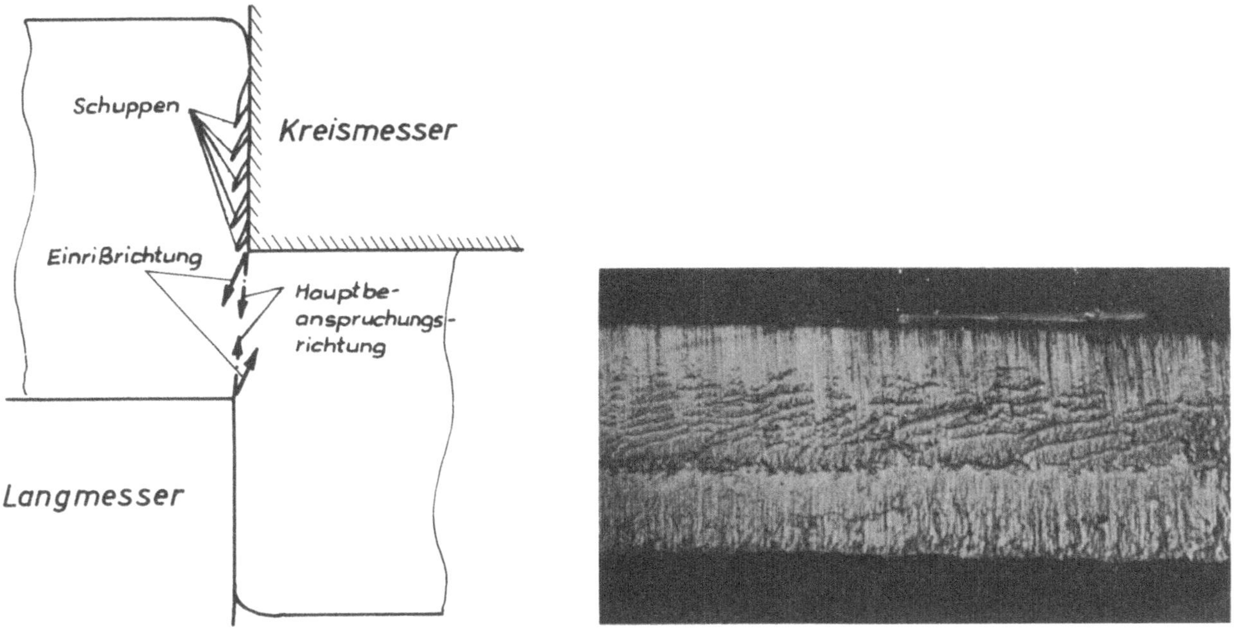

A b b i l d u n g 28

Entstehung von Rissen I. Art
Kreis-Langmesserschnitt
Stahl St 37 u/s = 0,01

Mit tieferem Eindringen der Schneidkanten in den Werkstoff oder beim Schnitt mit größeren Schneidspalten wird der Winkel zwischen der Hauptbeanspruchungszone - die ja von Schneidkante zu Schneidkante läuft - und Einrißrichtung kleiner, so daß der Werkstoff durchreißt.

Dabei gibt es drei Möglichkeiten:

a) Die an den beiden Schneidkanten entstandenen Risse vollziehen die Trennung und vereinigen sich.
b) Der von einer der Schneidkanten ausgehende Riß vollzieht die Trennung und vereinigt sich mit dem anderen.
c) Der von einer der Schneidkanten ausgehende Riß vollzieht die Trennung, läuft aber am anderen Riß vorbei bis zur gegenüberliegenden Werkstückoberfläche.

Wir wollen die Risse, durch die die Trennung erfolgt, <u>Risse zweiter Art</u> nennen; im Falle a erfolgt sie durch zwei Risse zweiter Art, im Falle b und c durch einen Riß zweiter Art.

Im Fall a und b entstehen glatte S-förmige Schnittflächen, die sich in ihrem Aussehen kaum voneinander unterscheiden (Abb.29a). Im Falle c entsteht hingegen an einer der Schnittflächen, und zwar an der, die durch den Riß erster Art entstand, ein Zipfel (Abb.29b).

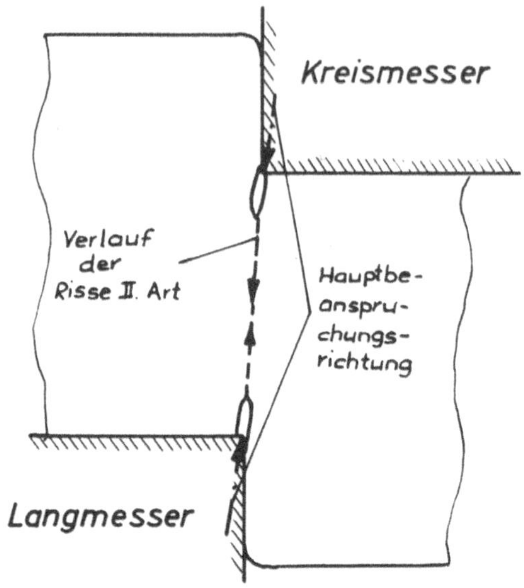

a) Aluminium Al Mg 3

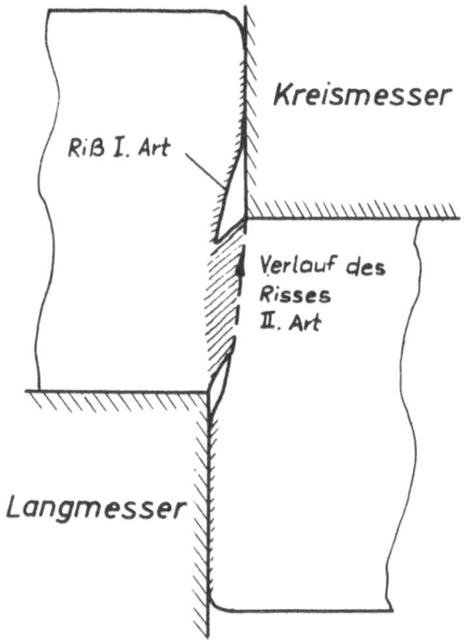

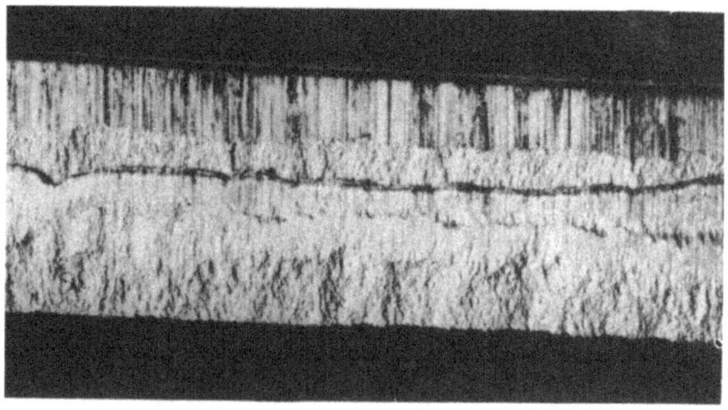

b) Stahl St 37.11

A b b i l d u n g 29
Trennung durch Risse II. Art
Kreis-Langmesserschnitt
u/s = 0,12

Nun wurden die in Abbildung 29a und b dargestellten Schnittflächen eines Aluminium- und eines Stahlbleches bei gleichen Schneidbedingungen erzeugt. Die Tatsache, daß am Stahlblech ein Zipfel entstand, am Alumniumblech, welches sich weniger verfestigt als das Stahlblech, aber nicht, deutet darauf hin, daß die eigentliche Ursache für die Zipfelbildung in der Verfestigung des Werkstoffes zu suchen ist. Den Beweis dafür bringt die Abbildung 30, welche Querschnitte durch die Schnittzone des Stahlbleches zeigt, in der die stärker verformten und verfestigten Zonen infolge der Ätzung, wie vorher beschrieben, dunkler erscheinen. Aus ihm erkennen wir, daß die verfestigte Werkstoffzone sich einer Vereinigung der Risse widersetzt, so daß sie aneinander vorbeilaufen. Welcher der beiden Risse die Trennung vollzieht, hängt von der Gesamtheit der an den Schnitteilen angreifenden äußeren Kräfte ab.

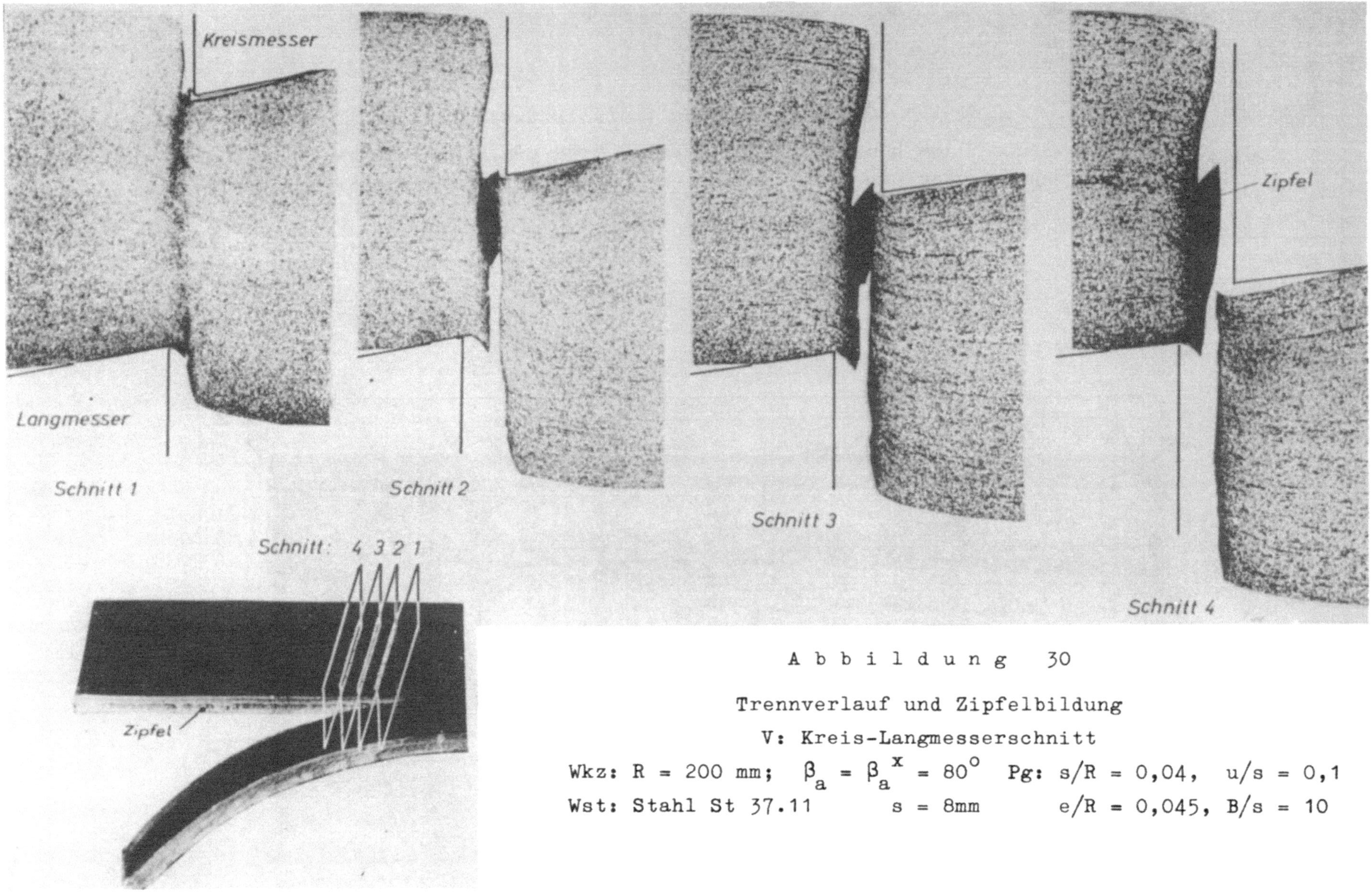

Abbildung 30

Trennverlauf und Zipfelbildung

V: Kreis-Langmesserschnitt

Wkz: R = 200 mm; $\beta_a = \beta_a^x = 80^\circ$ Pg: s/R = 0,04, u/s = 0,1

Wst: Stahl St 37.11 s = 8mm e/R = 0,045, B/s = 10

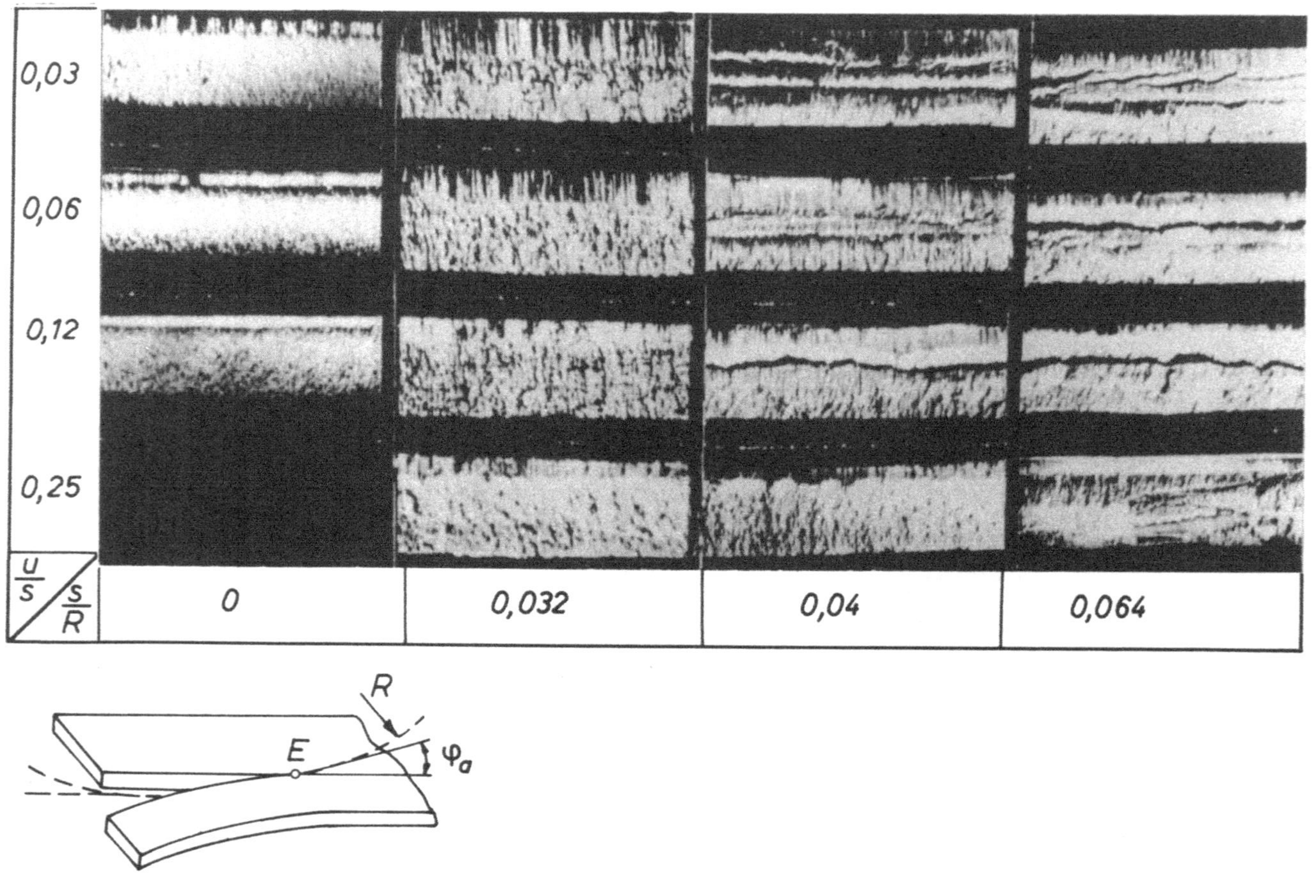

A b b i l d u n g   31

Schnittfläche in Abhängigkeit vom bez. Schneidspalt (u/s) und Schneidenhalbmesser (s/R)

V: Kreismesser- und Kreis-Langmesser-Schnitt

Wst: Stahl St 37.11, Pg: B/s = 8, $\varphi_a = 16{,}2^o$

Beim Schnitt zwischen Kreismessern mit großem Halbmesser oder zwischen geraden Schneidkanten beginnen die Einrisse nach weniger tiefem Eindringen der Messer in den Werkstoff als zwischen Messern mit kleinem Halbmesser. Aus diesem Grunde verformt und verfestigt sich der Werkstoff, wie wir vorher sahen, im ersten Fall weniger als im zweiten. Da sich die Krümmung der Messer beim Schnitt dicker Bleche wegen ihrer größeren Eingriffsstrecke immer mehr auswirkt als beim Schnitt dünner Bleche ist mit zunehmendem Verhältnis $\frac{s}{R}$ von Blechdicke zu Kreismesserradius mit verstärkter Zipfelbildung zu rechnen. Das bestätigen die Aufnahmen von Schnittflächen, die bei verschiedenen Kreismesserradien auf der Kreis-Langmesserschneidvorrichtung erzeugt werden (Abb.31). Bis $s/R = 0{,}032$ treten noch keine Zipfel auf, doch deutet die rauhere Oberfläche schon eine Zunahme der Verfestigung an. Zur Zipfelbildung kommt es bei $s/R = 0{,}04$, die sich bis $s/R = 0{,}05$ noch verstärkt. Gleichzeitig geht aus der Abbildung hervor, daß die Zipfelbildung durch Verstellung des Schneidspaltes kaum vermindert werden kann, zumindest soweit breite Streifen ($B/s > 10$) abgeschnitten werden.

Beim Abschneiden schmaler Streifen ($B/s < 2$) überlagern sich als Folge des Momentes $P_1 \cdot a_3$, das durch die um den Schneidspalt u versetzt angreifenden Schneidkräfte verursacht wird, Zugspannungen an der dem Kreismesser zugewandten Werkstückoberfläche (Abb.32). Hierdurch beginnt der Riß dort nach geringerer Eindringtife der Schneidkante als beim Abschneiden breiter Streifen, bei denen infolge der Stützwirkung des noch unzertrennten Werkstückteiles sich an der der Kreismesserschneidkante zugekehrten Werkstückseite Druckspannungen überlagern. Durch die nach geringerem Eindringen der Schneiden entstehenden Risse verformt und verfestigt sich der Werkstoff in der Schnittzone weniger, worin die mit schmalerer Schnitteilbreite Hand in Hand gehende Abnahme der Zipfelbildung ihre Erklärung findet.

Das Moment $P_1 \cdot a_3$ ruft beim Abschneiden breiter Streifen Schubspannungen hervor, die nahezu parallel zu den Schnittflächen gerichtet sind und sich den von den Schneidkanten eingeleiteten im Winkel von $\psi = 7 \cdots 8^{\circ}$ zu den Schneidebenen wirkenden überlagern (Abb.33a). In der Außenkraftzone, in der von den Schneidkanten unmittelbar keine Schneidkräfte eingeleitet werden, sind sie es, die die Trennung bestimmen. Ist die Außenkraftzone groß, so kommt es zu einer dritten Art von Rissen, die in Richtung der vorher genannten Schubspannungen in der Schnittebene quer durch die verfestigte Zone laufen (Abb.33b). Infolgedessen entsteht an jedem der Schnitteile ein Zipfel.

B/s	Schnittkante erzeugt vom Kreismesser	Schnittkante erzeugt vom Langmesser
0,5		
1		
2		
4		
8		
16		
32		

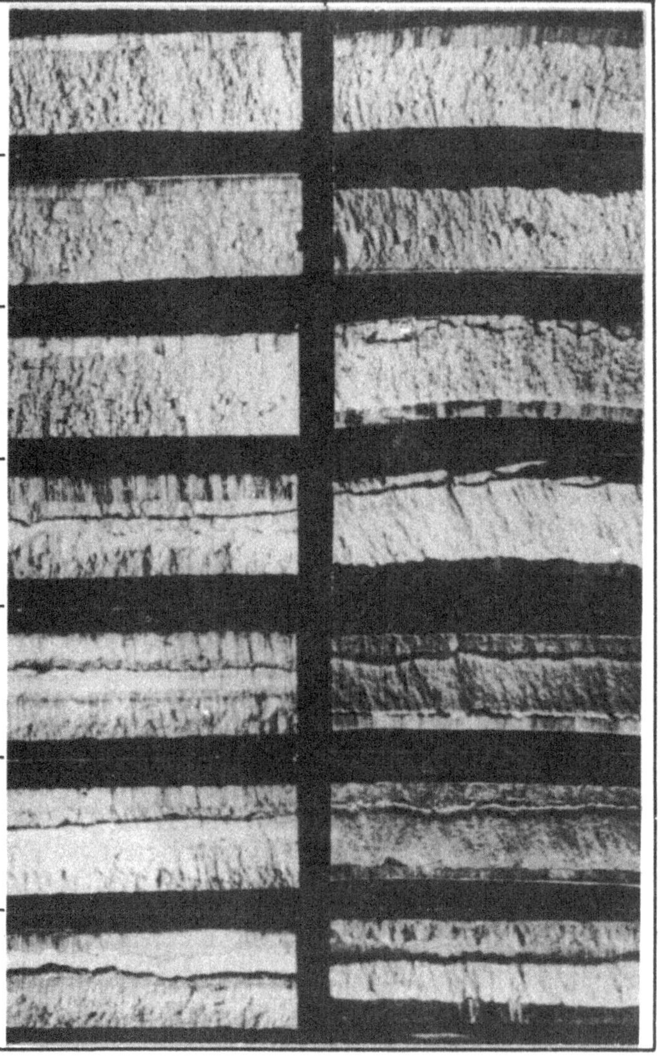

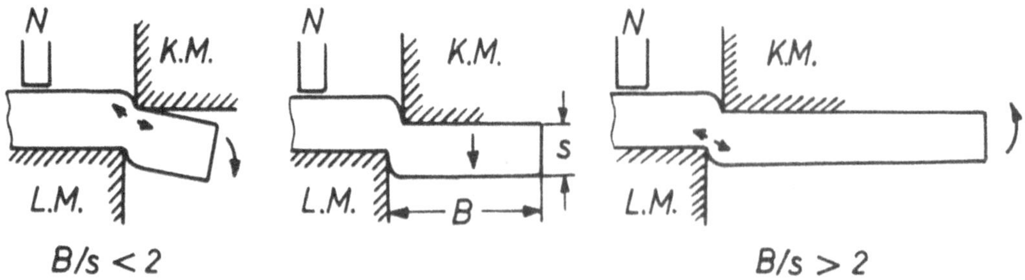

A b b i l d u n g 32

Schnittfläche in Abhängigkeit von der bezogenen Stückbreite (B/s)

V: Kreis-Langmesserschnitt

Wkst: Stahl St 37.11, Pg: s/r = 0,04, $\varphi_a = 16{,}2^{\circ}$

u/s = 0,1

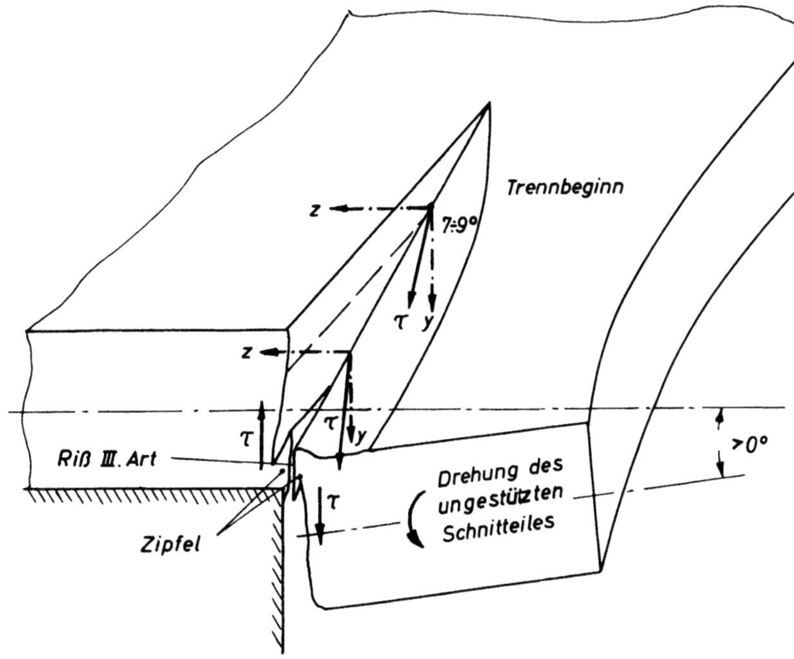

a) Andeutung der Hauptschubspannungsrichtung längs der Trennzone

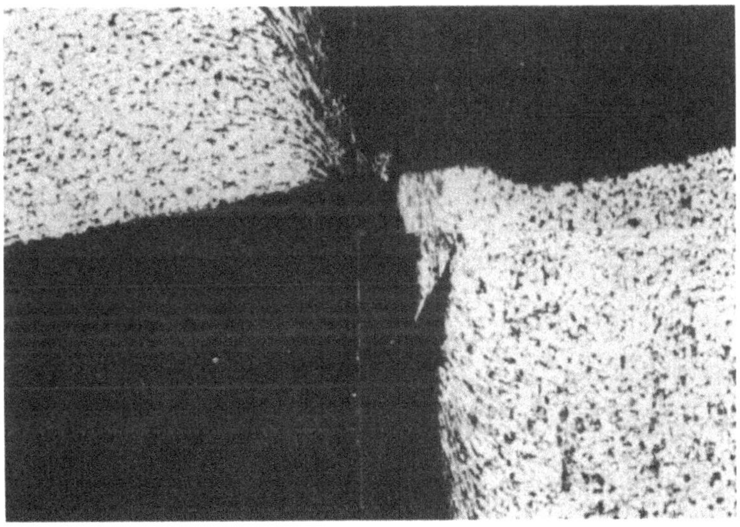

b) Querschnitt durch die kraftfreie Zone

A b b i l d u n g   33

Trennung in der kraftfreien Zone und Riß III. Art

Wir wissen, daß sich die Außenkraftzone mit zunehmendem Eingriffswinkel vergrößert. Es ist deshalb verständlich, wenn der Zipfel am abgeschnittenen Werkstück sich mit größer werdendem Eingriffswinkel vergrößert (Abb.34).

Die Kenntnis des Trennverlaufes ist von unmittelbarer Bedeutung für die Auslegung und Benutzung von Kreismesserscheren und Kreis-Langmesserscheren:

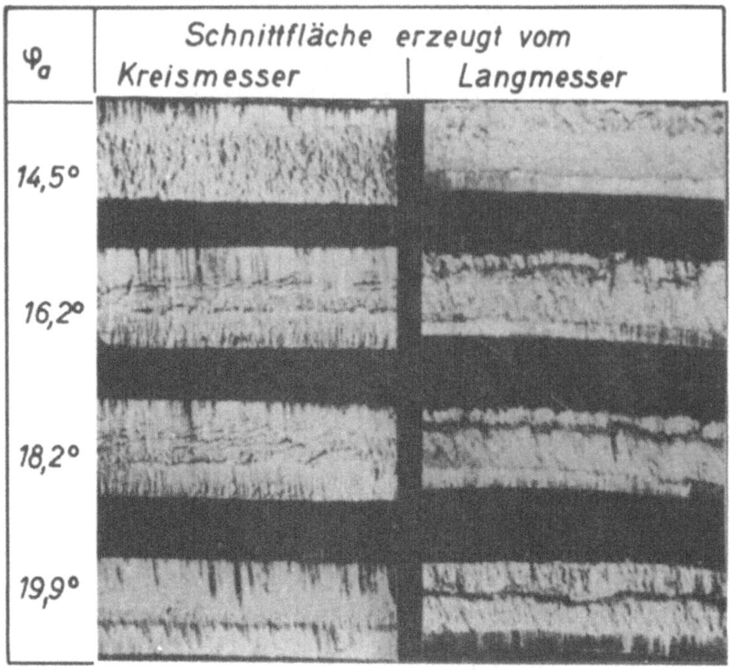

A b b i l d u n g 34

Schnittflächen in Abhängigkeit vom Eingriffwinkel φ_a
V: Kreis-Langmesserschnitt
Wst: Stahl 37.11; Pg: $s/R = 0,04$; $\varphi_a = 16,2^o$;
$u/S = 0,06$; $B/s = 8$

Mit Rücksicht auf die Zipfelbildung sollte

a) das Kreismesser einen möglichst großen Halbmesser haben,
b) mit Einzugsspalt geschnitten werden, der so groß zu wählen ist, daß das Werkstück gerade noch getrennt wird (damit der Eingriffswinkel möglichst klein ist).

Die Schuppenbildung an Schnittflächen ist durch Vergrößerung des Schneidspaltes abzustellen.

3.34 Die Schabspanbildung

Beim offenen, kreuzenden Schnitt, insbesondere auf Kreismesserscheren, werden feine Werkstoffäden beobachtet, die an den Schnittkanten als Fransen hängen und vielfach als abgeplatzter Grat angesprochen werden. Sie stören an den Adjustagestraßen von Feinblechen, weil sich die Werkstofffäden nach dem Teilen der Blechbänder beim Stapeln der Blechtafeln zwischen die Bleche legen und in ihre Oberfläche eindrücken. Ihrer Entstehung wurde durch Versuche auf der Kreis-Langmesserschneidvorrichtung nachgegangen. Dabei stellte es sich heraus, daß durch den Trennverlauf

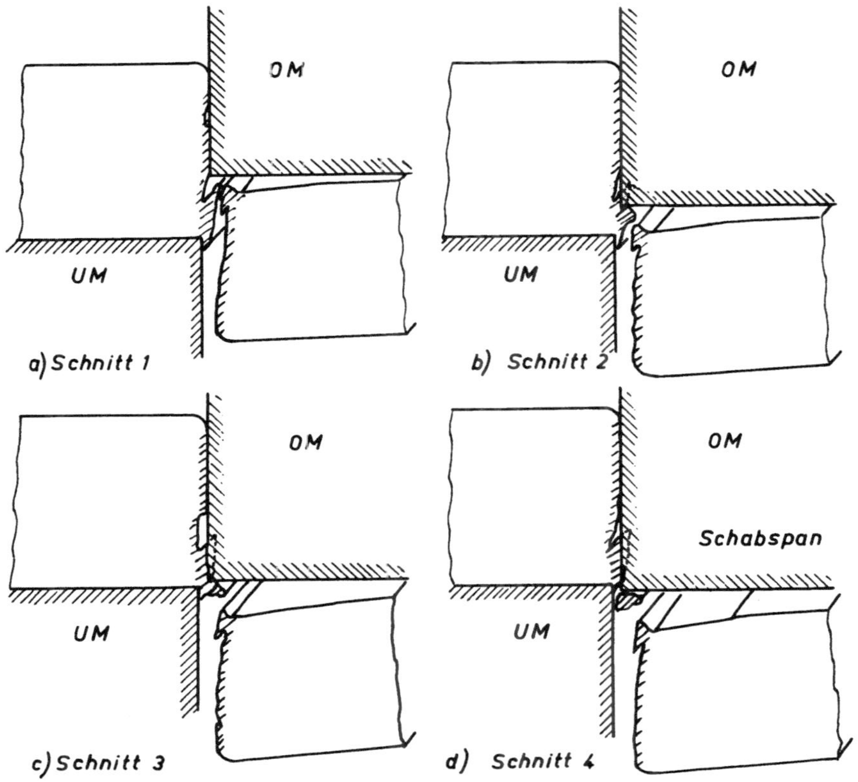

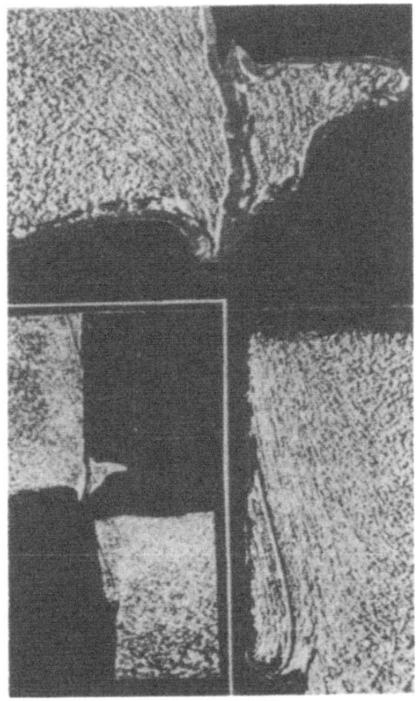

Schabspan an einem 8mm dicken Stahlblech

V: Kreis-Langmesserschnitt
Wkz: R = 200, $\beta_o = \beta_\alpha^x = 80°$
Wst: Stahl St 37.11
P.b.: s/R = 0,04 u/s = 0,02
e/R = 0,065 B/s = 4

A b b i l d u n g   35

Schabspanbildung

bedingt, sich, nachdem die Trennung bereits abgeschlossen ist, noch Werkstoff, insbesondere der des Zipfels vor der Schneidkante des Kreismessers, befindet. Er wird von der Schneidkante abgeschabt und rollt sich zum Span auf (Abb.35), der nach seiner Entstehungsursache Schabspan genannt wird.

Lange Schabspäne entstehen, wenn sich die Schneidkanten überdecken, so daß die Späne vollends abgetrennt werden (Abb.35 d und 36). Wird mit Einzugsspalt geschnitten, so bleibt der Schabspan an der Schnittkante hängen und erscheint als Grat, der leicht abplatzt, weil er aus hochverfestigtem Werkstoff bestehend, spröde ist (Abb.35c).

Es ist verständlich, daß sich Schabspäne nur bei kleinen Schneidspalten (unter 4 bis 5 % der Blechdicke) bilden, so daß die Schabwirkung durch Vergrößerung des Schneidspaltes ohne Schwierigkeit abgestellt werden kann.

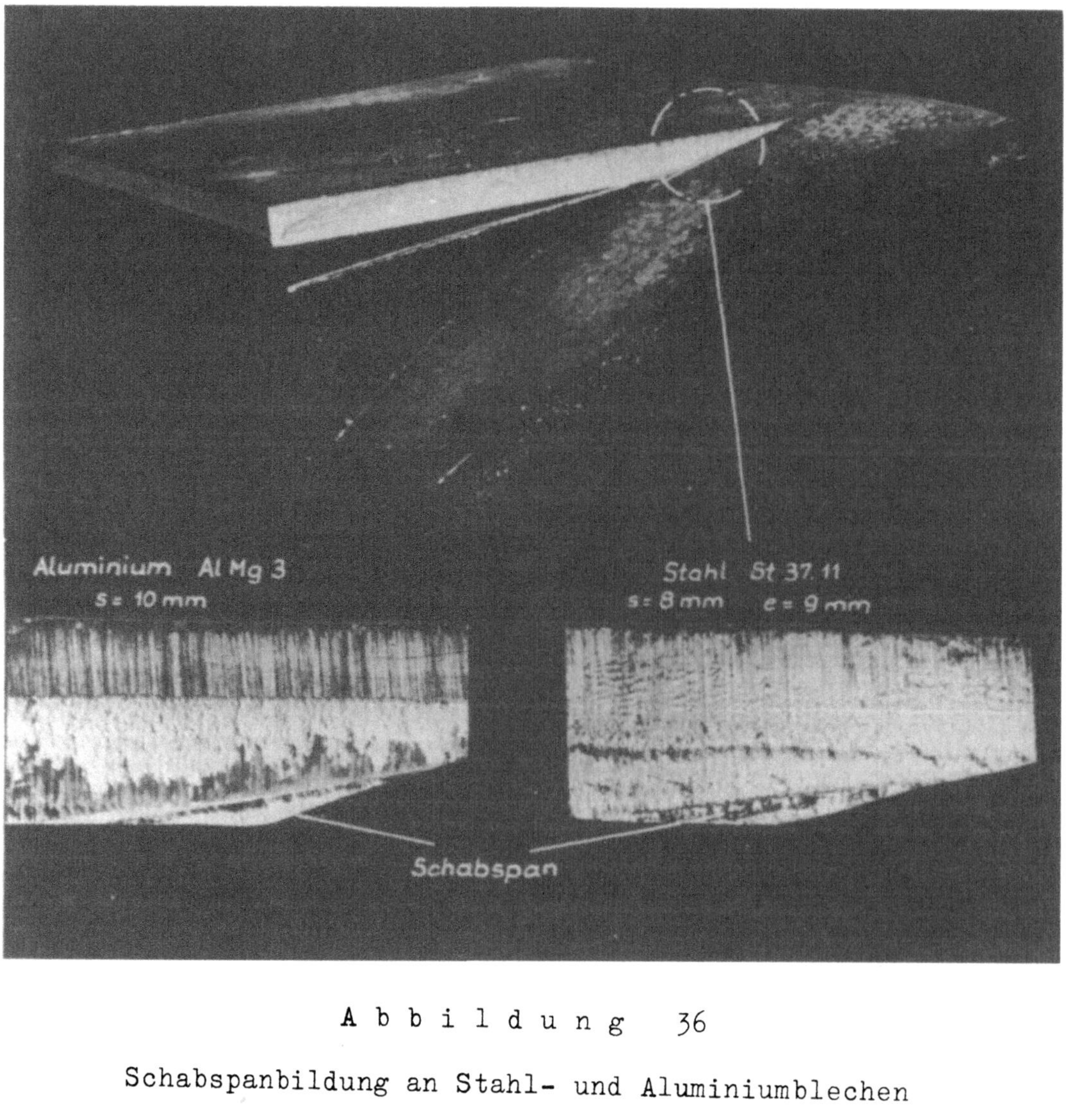

A b b i l d u n g 36

Schabspanbildung an Stahl- und Aluminiumblechen

3.4 Bemerkung zur Verformung der Schnitteile

Die Verformung der Schnitteile ist hauptsächlich von der Stückbreite und dem Eingriffswinkel abhängig. Auf Grund der Schneidkraftmessungen war, wie hier vorangeschickt wird, zu erwarten, daß für die Verformung der Schnitteile das Verhältnis Stückbreite zu Blechdicke B/s maßgeblich ist. Zum Nachweis wurden auf der Kreis-Langmesservorrichtung 2,4 und 8 mm dicke Bleche eingeschnitten und dabei die Breite sowie die Einschnitttiefe des unter dem Kreismesser liegenden Streifens im Verhältnis zur Blechdicke verändert. Das in Abbildung 37 dargestellte Ergebnis beweist, daß die Verformung der verschieden dicken Streifen, insbesondere der Anteil der Drehung und Biegung gleich ist, wenn das Verhältnis aus Streifenbreite zu Blechdicke B/s gleich ist.

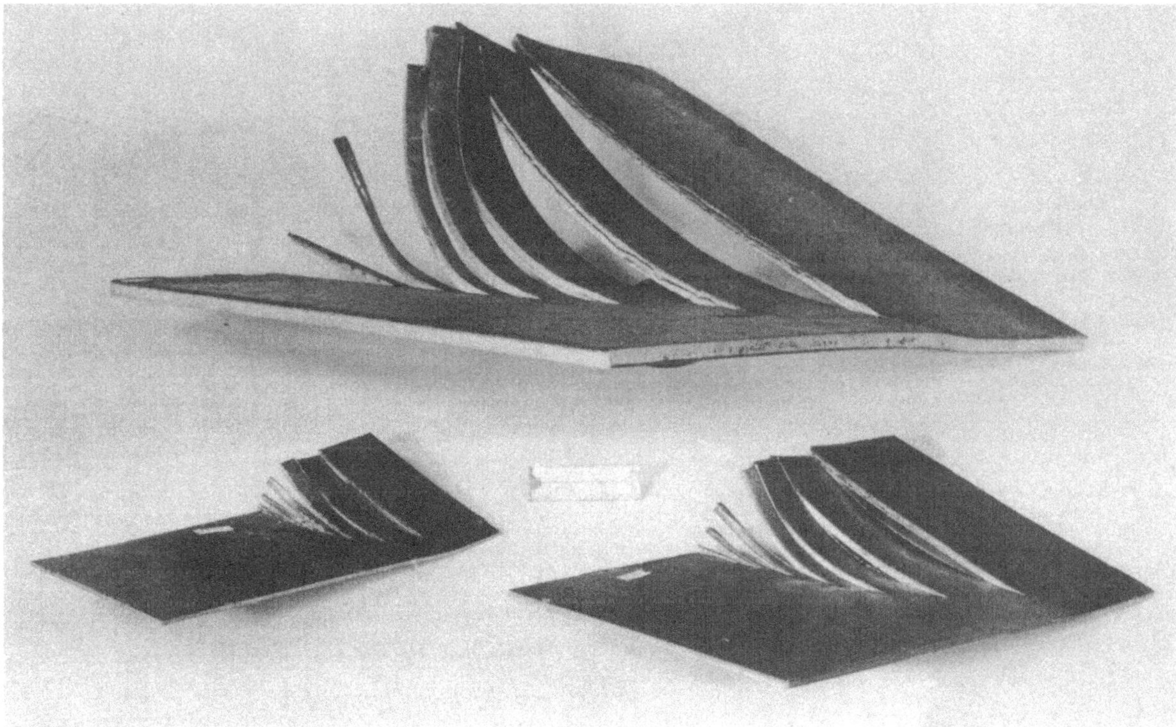

A b b i l d u n g 37

Die Verformung der Schnitteile, Stückbreite B und Blechdicke s

V: Kreis-Langmesserschnitt

Wkz: R = 200 mm, $\beta_a = \beta_a^x = 80^o$

Wkst: Stahl St 37.11 s = 2,4 und 8 mm

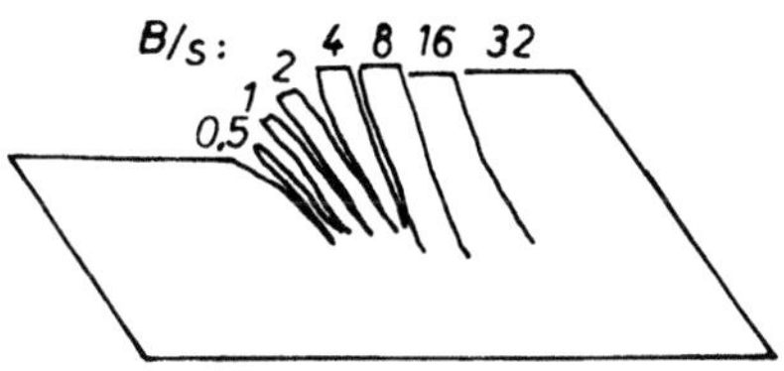

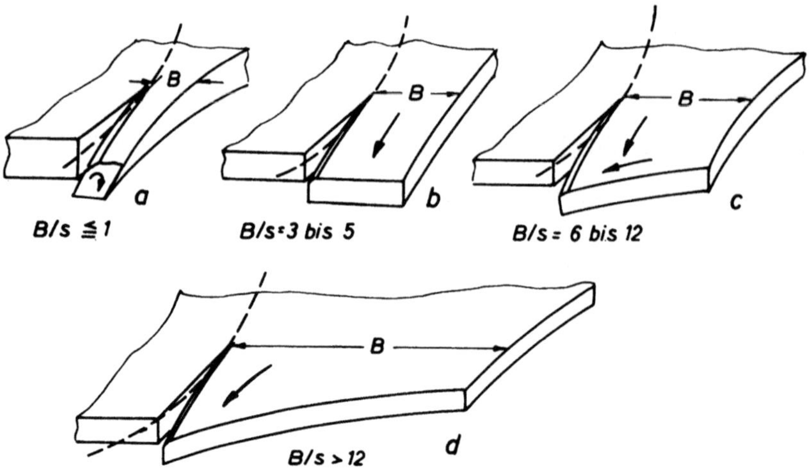

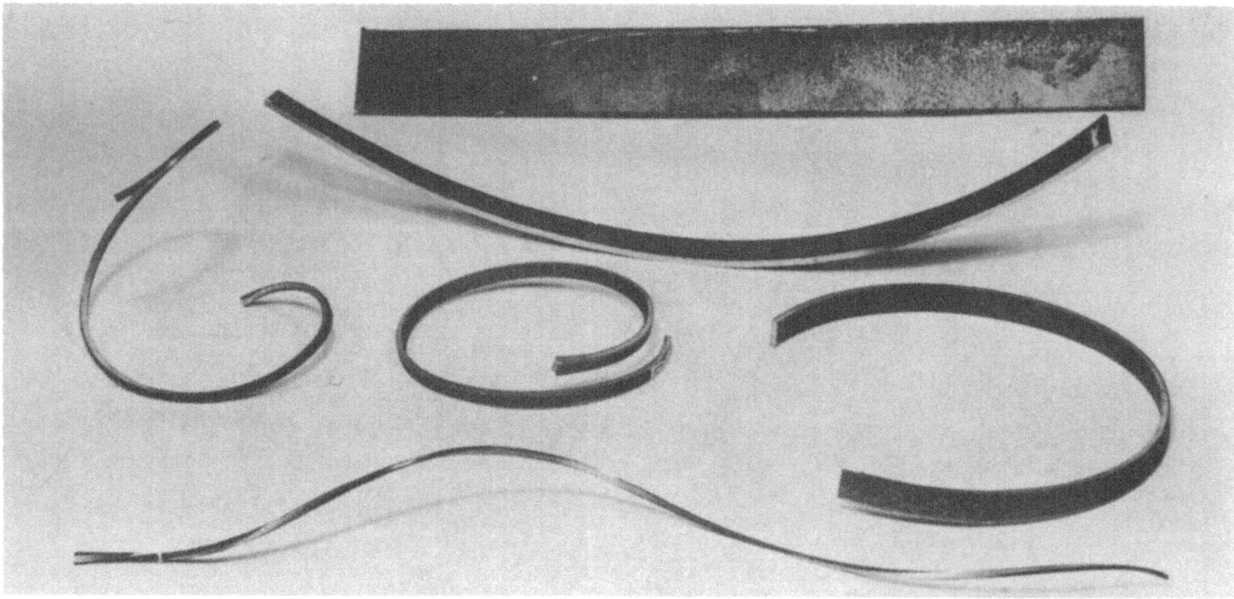

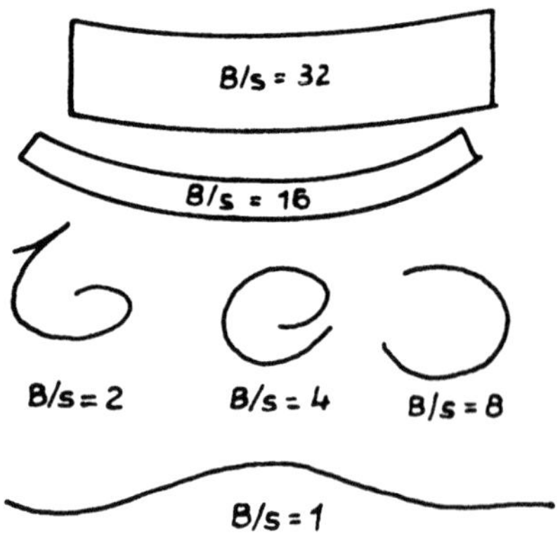

V: Kreis-Langmesserschnitt

Wkz: R = 200mm, $\beta_a = \beta_a^* = 80°$

Wkst: Stahl St 37.11 s = 8 mm

Pg.: s/R = 0,04 e/R = 0,04 u/s = 0,1

A b b i l d u n g 38

Die Verformung der Schnitteile in Abhängigkeit von B/s

Schmale Streifen (B/s = 1) werden infolge der an der Stirnfläche des Messers von der Schneidkante weg gerichteten Schubspannung zum Rhombus. Sie werden hierdurch vornehmlich verdreht und wickeln sich zu einer Schraubenlinie auf (Abb.38a). Mit zunehmender Streifenbreite kommt die Stützwirkung des unzertrennten Querschnittes immer mehr zur Geltung, und bei bezogenen Streifenbreiten von B/s = 3 bis 5 kommt das Schnitteil der ihm aufgezwungenen Verschiebung an der Schnittkante fast ausschließlich durch Biegung um eine senkrecht zur Schnittebene stehende Achse nach und wikkelt sich zu einem Kreiszylinder auf (Abb.38b). Danach nimmt die Torsion des Schnitteiles unter der außermittig angreifenden Schneidkraft gegenüber der Biegung überhand (Abb.38 c, d).

Neben der Breite der Schnitteile wirkt vornehmlich der Eingriffswinkel auf die Verformung der Streifen ein. Er beeinflußt hauptsächlich die Größe der Verformung, nicht das Verhältnis von Biegungs- zu Verdrehungsanteil.

Abbildung 39 zeigt fünf Streifen gleichen B/s, die mit verschiedenen Eingriffswinkeln - gekennzeichnet durch e/R - geschnitten wurden.

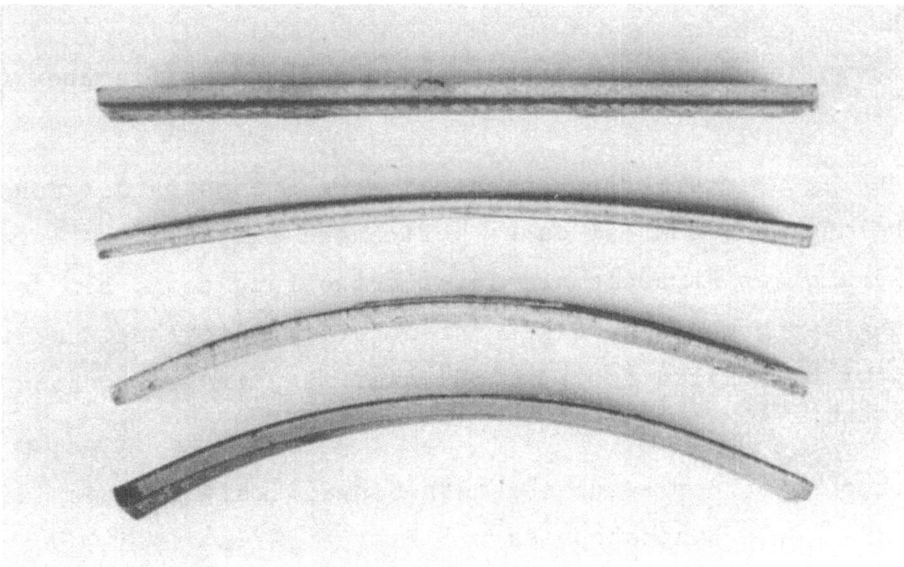

A b b i l d u n g 39

Die Verformung der Schnitteile und der Schneidwinkel

V: Kreis-Langmesserschnitt

Wkz: R = 200 mm, $\beta_a = \beta_a^x = 90^\circ$

Wkst: Stahl St 37.11 s = 4 mm

PG: s/R = 0,02 u/s = 0,1 B/s = 8

4. Die Schneidkräfte

Wie wir gesehen haben, wird der Schneidvorgang durch das Zusammenwirken vom Beanspruchungsverlauf und durch das Verhalten des Werkstoffes im Scherquerschnitt bestimmt. Der Beanspruchungsverlauf im Scherquerschnitt ist außer von der Dicke des Werkstückes von der Verteilung der äußeren Kräfte an der Schnittstelle abhängig, die, wie die vorherigen Untersuchungen zeigten, hauptsächlich durch die Stellung der Schneidkanten zum Werkstück und die Form der Schneidkante bestimmt wird.

Für die Betrachtung der Kräfte ist es wesentlich zu wissen, daß die Werkstoffasern erst dann getrennt werden, wenn ihr Formänderungsvermögen erschöpft ist. Damit ist die Formänderungsfestigkeit des Werkstoffes für die Schneidkräfte, und zwar nach der Kaltverfestigung, bestimmend.

Insgesamt ist für die Schneidkraftbestimmung folgendes zu berücksichtigen:

a) Vom Eingriff der Schneidkante bis zum Trennbeginn wird die Kraft durch die bildsame Verformung des Werkstoffes bestimmt.

b) Sodann muß die Spannung im Werkstückquerschnitt so groß sein, daß die an den Schneiden entstehenden Einrisse die Trennung vollziehen.

c) Zum Abbiegen der entstehenden Blechstreifen sind zusätzliche Kräfte erforderlich.

d) Es müssen die an den Schneiden angreifenden Reibungskräfte überwunden werden.

Eine diesen Grundlagen entsprechende theoretische Erfassung der Schneidkräfte ist nicht möglich; man ist daher weitgehend auf Versuche angewiesen. Bei der Planung der Versuche und ihrer Auswertung sowie bei der Verallgemeinerung der gewonnenen Erkenntnisse stellt die Ähnlichkeitsmechanik eine wertvolle Hilfe dar [32, 33]. Auf sie wird weitgehend zurückgegriffen werden.

Von den drei Komponenten der resultierenden Schneidkraft P_{123} ist die

Hauptschneidkraft P_1

am größten. Nach ihr richtet sich vorbehmlich die Auslegung der Scherenständer, zugleich bestimmt sie als leistungsführende Kraft die Bemessung der Antriebselemente. Sie steht deshalb im Vordergrund der Untersuchungen.

An Kreismesserscheren und Kreis-Langmesserscheren besteht zwischen der Fortschreitkraft P_2, dem Antriebsmoment Md der Kreismesser und der Hauptschneidkraft die Beziehung (Abb.40):

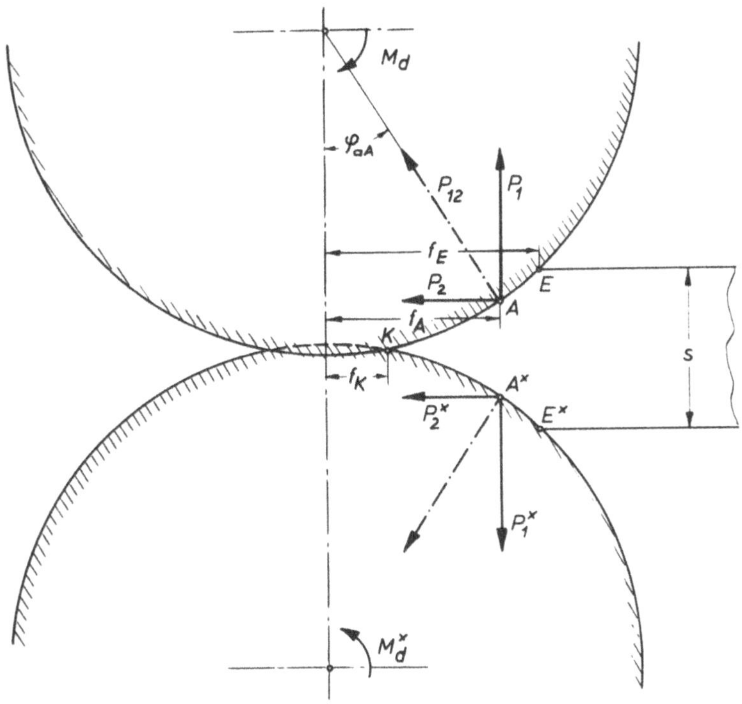

$M_d = P_1 \cdot R \sin \alpha_A - P_2 \cdot R \cdot \cos \varphi_A$

A b b i l d u n g 40

Schneidkräfte und Momente

$$Md = P_1 \cdot R \cdot \sin \varphi_{aA} - P_2 \cdot R \cdot \cos \varphi_{aA}$$

An der Kreis-Langmesserschneidvorrichtung, deren Kreismesser nicht angetrieben wurde, maßen wir die Fortschreitkraft und an der Kreismesserschere, deren beide Messer - hingegen nicht das Werkstück - angetrieben wurden, das Antriebsmoment und konnten auf diese Weise den Eingriffswinkel φ_{aA} im Angriffspunkt der resultierenden Schneidkraft bestimmen. Ist die Lage des Angriffspunktes bekannt, so kann mit Hilfe der Hauptschneidkraft P_1 die Schneidleistung ermittelt werden. Deshalb wird auf diese Messungen erst im folgenden Abschnitt 5 eingegangen, der Berechnungsunterlagen für die Leistungsbemessung von Kreismesserscheren gibt.

Die

Abdrängkraft P_3

beeinflußt indirekt die Güte der Schnittfläche, weil sich der Schneidspalt infolge der durch sie hervorgerufenen Auffederung der Scherenständer vergrößert. Da man die Abdrängkraft nur bei der Neukonstruktion von Scheren kennen muß, wurden zunächst die Einstellwerte (Schneidspalt und Messerüberdeckung), bei denen sie am größten ist, festgestellt und sie unter diesen Bedingungen gemessen.

4.1 Bisher bekannte Schneidkraftformeln

Schneidkraftformeln wurden bisher nur zur Bestimmung der Hauptschneidkräfte aufgestellt. Sie legen fast ausschließlich den zwischen den Schneidkanten befindlichen, durch eine Senkrechte zur Blechoberfläche begrenzten sogenannten Scherquerschnitt F zugrunde und multiplizieren ihn mit einem vom Werkstückstoff abhängigen Faktor k_s, dem sogenannten Schneidwiderstand:

$$P_1 = k_s \cdot F \tag{7/1}$$

Für den Schneidwiderstand wird meistens die Schubspannung des Werkstoffes τ_B [16, 17, 19, 21] seltener die Zerreißfestigkeit σ_B [12] oder eine von beiden abhängige Funktion eingesetzt.

Diese Formeln können nach der Kenntnis des Schneidvorganges die Hauptschneidkräfte nur in grober Näherung angeben; denn es wird in ihnen weder dem von der Geometrie des Schnittes abhängigen Beanspruchungszustand des Werkstoffes an der Schnittstelle Rechnung getragen, noch die Verfestigung des Werkstoffes berücksichtigt. Gegen ihren Aufbau ist einzuwenden, daß sie von einem festen Zusammenhang zwischen der Blechdicke, dem Eingriffswinkel und der Hauptschneidkraft ausgehen, der den von KLOTZ und KELLER am Langmesserschnitt zwischen geraden Schneidkanten ausgeführten Messungen widerspricht. Erst recht dürfen wir nicht erwarten, daß durch diesen einfachen Ansatz die Schneidkräfte beim Schnitt zwischen Kreismessern erfaßt werden können, nachdem wir sahen, wie wesentlich der Schneidvorgang durch die Schneidkantenkrümmung beeinflußt wird. Der Verfasser stellt daher im folgenden einen neuen Ansatz für die Schneidkräfte am offenen Schnitt auf, der zugleich alle Einflußgrößen erfaßt.

4.2 Neue Berechnungsunterlage für die Hauptschneidkräfte

4.21 Ansatz für den offenen Schnitt

Nach einem von LEHMANN [33] aufgezeigten Weg wenden wir die Ähnlichkeitsmechanik auf die Gewinnung einer empirischen Formel an. Zunächst wollen wir den allgemeinen Fall darstellen und danach aus ihm die Gleichungen für die untersuchten Sonderfälle ableiten.

Wenn man die Oberflächeneigenschaft des Werkzeuges und des Werkstückes, die hauptsächlich den Reibungsanteil der Schneidkräfte beeinflussen, in den Reibbeiwert, der auch die Schmierung berücksichtigt, mit einschließt, so wirken auf die Hauptschneidkräfte folgende Einflußgrößen ein:

a) Vom Werkstück her gesehen:

die Werkstückabmessungen, also die Blechdicke s und die Stückbreite B und die Schnittlänge l,

die Werkstoffeigenschaft, für die die Formänderungsfestigkeit hauptsächlich maßgebend ist. Da sie im Scherquerschnitt örtlich verschieden ist, wird stattdessen die Streckgrenze σ_F und eine dimensionslose Größe c_W eingeführt, durch die die Fließkurve beschrieben und alle übrigen Werkstoffeigenschaften (Gefüge, Zustand usw.) mit berücksichtigt werden sollen.

b) Vom Werkzeug her:

die Werkzeugabmessungen, das sind der Krümmungsradius der Schneidkanten R_i[4] sowie die Schneidwinkel α_{ai} und β_{ai},

der Schmierzustand, der durch den Reibbeiwert μ berücksichtigt wird.

c) Vom Wirkpaar her:

die Größen, die die Stellung des Werkstückes zum Werkzeug beschreiben:

$$u,\ i,\ \varphi_{ai},\ \delta_{ai},\ \varkappa_{ai}$$

die Größen, die die Geschwindigkeit der Schneidkanten nach Größe und Richtung beschreiben:

$$\lambda_{ai},\ r_i,\ \omega_i$$

Der Werkzeugversatz i hängt, wie vorher gezeigt wurde (vgl. Abschn. 3.1), von den Blechhaltekräften und der Geometrie des Schnittes ab. Da die Blechhaltekräfte gegenüber den Schneidkräften verschwindend gering sind, darf ihr Einfluß auf den Werkzeugversatz vernachlässigt werden. Unter dieser Voraussetzung wird i bereits durch die geometrischen Einflußgrössen berücksichtigt und scheidet als unabhängige Veränderliche aus.

Mit den angeführten Einflußgrößen, die in Tabelle 5 zusammengestellt wurden, erhalten wir die Funktion:

$$P_1 = f(\sigma_F, c_W, s, l, R_i, r_i, u, B_i, \varphi_{ai}, \beta_{ai}, \varkappa_{ai}, \delta_{ai}, \lambda_{ai}, \omega_i, \mu)\,. \quad (7/2)$$

Sie wird zu einer reinen Zahlengleichung, wenn man alle vorkommenden Maßgrößen auf ein System von Bezugsmaßgrößen bezieht. Da der Schneidvorgang als eine Folge statischer Zustände betrachtet werden darf, sind

4. Der Zeiger i soll andeuten, daß die Einflußgröße jeweils an beiden Schneidkanten vorkommt und verschieden groß sein kann

nach der Dimensionslehre der Ähnlichkeitsmechanik zwei Bezugsmaßgrößen, eine Kraft und eine Länge, frei zu wählen. Die Kraft ist die Bestimmungsgröße der Funktion selbst, während als Bezugsmaßgröße für die Länge die

Blechdicke s

gewählt wird, weil sie die Hauptschneidkraft am stärksten beeinflußt und zwischen ihr und den übrigen Einflußgrößen, wie wir später sehen werden, nur geringe oder gar keine Wechselwirkungen bestehen.

Die Zeit wirkt auf den Schneidvorgang nur insofern ein, als daß sie die Größe der Schneidgeschwindigkeit w_i bestimmt. Wir wollen diese deshalb auf die abgeleitete Maßgröße w_o beziehen.

Mit den Bezugsmaßgrößen und den gebundenen Maßgrößen[5] erhalten wir die Kenngrößen

$$\sigma_F \cdot \frac{s^2}{P_1}, \; c_W ,$$

während die ungebundenen Maßgrößen, die im allgemeinen als Funktionen beliebiger Veränderlicher vorkommen, hier dimensionslose Veränderliche sind. Mit ihnen geht Gleichung (7/2) in die Kenngrößengleichung über:

$$f = \left(\sigma_F \cdot \frac{s^2}{P_1}, c_W, \frac{s}{s_o}, \frac{R_i}{s}, \frac{r_i}{s}, \frac{u}{s}, \frac{l}{s}, \frac{B_i}{s}, \varphi_{ai}, \alpha_{ai}, \beta_{ai}, \varkappa_{ai}, \delta_{ai}, \lambda_{ai} \cdot \frac{w_i}{w_o} \frac{\mu}{\mu_o}\right) \quad (7/3)$$

die nach der Hauptschneidkraft P_1 aufgelöst, den für den offenen Schnitt allgemein gültigen Ansatz darstellt:

$$P_1 = \sigma_F \cdot s^2 \, f_1\left(c_W, \frac{s}{s_o}, \frac{s}{R_i}, \frac{s}{r_i}, \frac{u}{s}, \frac{B_i}{s}, \varphi_{ai}, \alpha_{ai}, \beta_{ai}, \varkappa_{ai}, \delta_{ai}, \lambda_{ai} \cdot \frac{w_i}{w_o} \frac{\mu}{\mu_o}\right) . \quad (7/4)$$

Mit Rücksicht darauf, daß die Größen $\frac{R}{s}$ bzw. $\frac{r}{s}$, die den Schneidkantenradius R und den Bewegungsradius r berücksichtigen, beim Schnitt zwischen geraden Schneidkanten bzw. bei geradliniger Bewegung der Messer nicht unendlich groß werden, setzten wir für sie die Kehrwerte ein.

Spalten wir von den dimensionslosen Gliedern $\frac{s}{s_o}$, $\frac{s}{R_i}$ und φ_{ai} der Funktion f_1 Teilglieder ab und fassen sie zu einer neuen Funktion f_F, der Gleichung für den Scherquerschnitt F, zusammen, so erhalten wir die Hauptschneidkraft P_1 in Abhängigkeit vom Scherquerschnitt und einer durch Versuche zu bestimmenden Funktion f_2:

5. LEHMANN unterscheidet gebundene Maßgrößen und ungebundene Maßgrößen. Die gebundenen Maßgrößen sind durch Stoffeigenschaften (z.B. Festigkeit des Werkstoffes) festgelegt und führen zu Kenngrößen im Sinne der Ähnlichkeitsmechanik

$$P_1 = \sigma_F \cdot F \cdot f_2\left(c_W, \frac{s}{s_o}, \frac{s}{R_i}, \frac{s}{r_i}, \frac{u}{s}, \frac{l}{s}, \frac{B_i}{s}, \varphi_{ai}, \alpha_{ai}, \beta_{ai}, \varkappa_{ai}, \delta_{ai}, \lambda_{ai} \frac{w_i}{w_o}, \frac{\mu}{\mu_o}\right) \quad (7/5)$$

worin

$$F = f_F\left(\frac{s}{s_o}, \frac{s}{R_i}, \varphi_{ai}\right) \quad .$$

Dabei ist zu beachten, daß die Abhängigkeit zwischen den zur Berechnung des Scherquerschnittes herangezogenen und den übrigen in der Funktion f_1 stehenden Gliedern für die Funktion f_2 erhalten bleibt, weil wir aus der Erkenntnis über den Schneidvorgang nicht erwarten dürfen, daß durch die herausgezogenen Faktoren bereits der ganze Einfluß der den Scherquerschnitt bestimmenden Größen auf die Hauptschneidkraft berücksichtigt wird. Damit ist zugleich klargestellt, daß es die Funktion f_2 ist, durch die sich der neue Ansatz für die Hauptschneidkraft von den herkömmlichen Schneidkraftformeln (6/1) unterscheidet, die die geometrischen Größen nur durch den Scherquerschnitt berücksichtigen.

Bei der Berechnung des Scherquerschnittes zwischen gekrümmten Schneidkanten kommt man zu verhältnismäßig verwickelten Gleichungen. Da er sowieso den Einfluß der in ihn eingehenden geometrischen Größen nicht vollständig berücksichtigt, ist es zweckmäßiger, den Werkstoffquerschnitt, der zwischen den im Eingriffswinkel der Schneidkanten von der Blechoberfläche abgetragenen Geraden und der Normalen zur Blechoberfläche liegt, einzuführen (Abb.41). Er kommt zugleich den wirklichen Gegebenheiten beim Schnitt zwischen gekrümmten Schneidkanten näher, weil die Trennung, wie wir vorher sahen (vgl. Abschn.3) bereits vor dem Kreuzungspunkt K der Schneiden abgeschlossen ist, so daß der gleichzeitig in Trennung befindliche Werkstoff ebenfalls, wie der neue Querschnitt, kleiner ist als der zwischen den Schneidkanten befindliche.

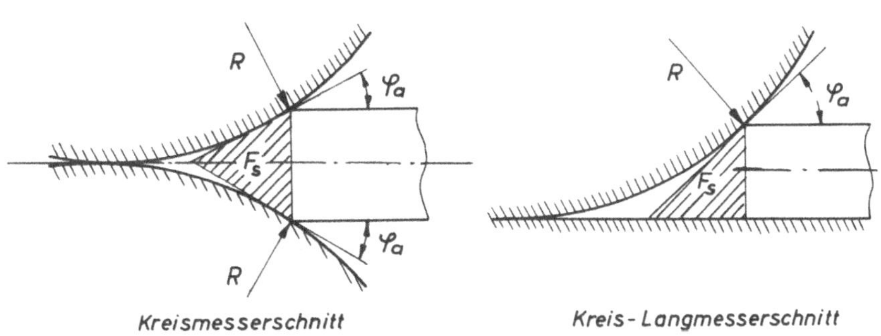

A b b i l d u n g 41

Schneidquerschnitt F_s

Mit dem Schneidquerschnitt erhalten wir für die Hauptschneidkraft P_1 den Ansatz:

$$P_1 = \sigma_F \cdot F_s \cdot f_3\left(c_W, \frac{s}{s_o}, \frac{s}{R_i}, \frac{s}{r_i}, \frac{u}{s}, \frac{l}{s}, \frac{B_i}{s}, \varphi_{ai}, \alpha_{ai}, \beta_{ai}, \varkappa_{ai}, \delta_{ai}, \lambda_{ai}, \frac{w_i}{w_o}, \frac{\mu}{\mu_o}\right) \quad (7/6)$$

Er trennt die ohne Versuche einzusetzenden Größen (σ_F, F_s) von den empirisch zu bestimmenden, in der Funktion f_3 enthaltenen Größen und stellt zugleich die Hauptschneidkraft dimensionsrichtig dar.

4.22 Gleichung für stationäre Verfahren des kreuzenden Schnittes

Die stationären Verfahren des kreuzenden Schnittes, bei denen das Blech zwischen dem aus den beiden Schneidkanten gebildeten Messerkeil geschnitten wird, der sich entlang der Schnittlinie bewegt, haben neben dem vollkantigen Schnitt die größte praktische Bedeutung. Für sie soll nun aus dem allgemeinen, auch den vollkantigen Schnitt umfassenden Ansatz eine Gleichung für die Hauptschneidkräfte abgeleitet werden.

Beim stationären Schnitt ändern sich die Schneidverhältnisse an der Schnittstelle entlang der Schnittlänge l - abgesehen vom Einschnitt und Auslauf der Messer - nicht, so daß die Größe $\frac{l}{s}$ als Veränderliche ausscheidet. Ferner dürfen wir die resultierende Geschwindigkeit beider Schneidkanten zum Werkstück durch die Fortschreitgeschwindigkeit v_2 des Messerkeiles gegenüber der Werkstückebene ersetzen.

Danach folgt für den stationären kreuzenden Schnitt der Ansatz:

$$P_1 = \sigma_F \cdot F_s \cdot f_4\left(c_W, \frac{s}{s_o}, \frac{s}{R_i}, \frac{s}{r_i}, \frac{u}{s}, \frac{B_i}{s}, \varphi_{ai}, \alpha_{ai}, \beta_{ai}, \varkappa_{ai}, \delta_{ai}, \lambda_{ai}, \frac{v_{2i}}{v_{2o}}, \frac{\mu}{\mu_o}\right). \quad (7/7)$$

Aus ihm müssen wir nun eine Formel zur Berechnung der Hauptschneidkräfte ableiten. Dazu wollen wir die empirisch zu bestimmende Funktion f_4 in "einfache" Teilfunktionen aufspalten, von denen jede den Haupteinfluß einer der Einflußgrößen wiedergibt.

Da der Weg, den wir dazu einschlugen, für alle Probleme, bei denen Funktionen aufgelöst werden sollen, gangbar ist, wurde er in der Anlage 1 in seiner allgemein gültigen Form erklärt. Wenden wir ihn auf die vorliegende Aufgabe an, so brauchen wir nur in der dort aufgestellten Gleichung A 1/2 die Größen a...z durch die dimensionslosen Größen, die den stationären kreuzenden Schnitt bestimmen, zu ersetzen.

Die den Werkstoff kennzeichnenden Größen σ_F und c_W enthalten eine größere Anzahl von Werkstoffeigenschaften (Grundwerkstoff, Gefüge, Zustand usw.), von denen heute noch unbekannt ist, welche von ihnen und in welchem

Maße sie die Schneidkräfte beeinflussen. So lange es noch keinen "Normalwerkstoff", d.h. einen in seiner Zusammensetzung und seinem Zustand festgelegten, jederzeit herstellbaren Werkstoff gibt, wäre es unzweckmäßig, die verschiedenen Werkstoffe, wie es die Gleichung vorschreibt, auf einen bestimmten Werkstoff zu beziehen. Vielmehr ist es besser, die Kenngröße c_W mit der Streckgrenze σ_F des Werkstoffes zusammenzufassen und in Anlehnung an den Formänderungswiderstand nach KIENZLE [2] den Begriff "Schneidwiderstand" zu bilden:

$$k_{s1} = c_W \cdot \sigma_F \quad . \tag{7/8}$$

Auf Grund der im Abschnitt 3 aufgezeigten engen Zusammenhänge zwischen Beanspruchungsverlauf und Werkstoffverhalten muß mit einer Wechselwirkung zwischen den geometrischen Größen und dem Werkstückstoff gerechnet werden, so daß jeweils der Werkstückstoff, für den die Teilfunktionen gelten, angegeben werden muß, worauf der Buchstabe W in den folgenden Gleichungen hinweisen soll.

Damit ergibt sich aus dem allgemeinen Ansatz (Gl.7/6) und der Gleichung A 1/2 für den stationären kreuzenden Schnitt die Hauptschneidkraftformel:

$$P_1 = k_{s10} \cdot F_{so} \left(\frac{P_1(s)}{P_1(s_o)} \right)_W \cdot \left(\frac{P_1(s/R)}{P_1(s/R)_o} \right)_{s/s_o,W} \cdots\cdots \left(\frac{P_1(\mu)}{P_1(\mu_o)} \right)_{W,s/s_o \cdots} \tag{7/9}$$

worin

$$F_{so} = f(s_o, \varphi_{ao}) \quad .$$

Die Konstante K_o, die gemäß Gleichung A 1/2 bei der Aufspaltung der Funktionen mehrerer Veränderlicher eingeführt werden mußte, kommt in dem Produkt $k_{s10} \cdot F_{so}$ zum Ausdruck. Es entspricht der Hauptschneidkraft P_{10}, die wir bei den auf Bezugswert eingestellten Einflußgrößen - in Gleichung (7/9) mit dem Zeiger 0 versehen - messen und spezifische Hauptschneidkraft nennen wollen. Danach bekommen wir für k_{s10}, den wir analog zu P_{10} spezifischen Schneidwiderstand heißen, eine anschauliche Bedeutung. Er ist nämlich gleich der spezifischen Hauptschneidkraft, die auf den Bezugsquerschnitt F_{so} bezogen wird:

$$k_{s\,10} = \frac{P_{10}}{F_{so}}$$

Nun haben wir noch geeignete Bezugswerte für die Einflußgrößen festzulegen. Sie können grundsätzlich frei gewählt werden, doch wird die Berechnung der Kräfte für Schneidverfahren, bei denen eine Anzahl der

Veränderlichen feste Werte annimmt, einfacher, wenn wir diese als Bezugswerte festlegen, weil dann die diesbezüglichen Teilfunktionen gleich eins werden. Der kreuzende Schnitt mit der kleinsten Anzahl Veränderlicher ist der Schnitt zwischen geraden Schneidkanten, von denen eine vollkantig am Blech anliegt und die andere sich in Richtung ihrer Normalen geradlinig bewegt. Bei ihm verschwinden $\frac{s}{R_i}$, $\frac{s}{r_i}$, λ_{ai}, φ_a^x, so daß wir als Bezugswert erhalten:

$$\left(\frac{s}{R_i}\right)_o = 0, \quad \left(\frac{s}{r_i}\right)_o = 0, \quad \lambda_{aio} = 0, \quad \varphi_{ao}^x = 0$$

Das auf dem Scherentisch aufgespannte Schnitteil kommt infolge der Steifheit des Tisches einem sehr breiten Streifen gleich, so daß wir für seine auf die Blechdicke bezogene Breite und aus Analogiegründen auch für diejenige des anderen Schnitteiles als Bezugswert

$$\left(\frac{B}{s}\right)_o = \infty$$

einführen wollen.

Für die Schneidwinkel, die Schränkungswinkel und Gehrungswinkel wählen wir die an Scheren bevorzugten Größen als Bezugswerte:

$$\alpha_{aio} = 0, \quad \beta_{aio} = 90^o, \quad \delta_{aio} = 0^o, \quad \varkappa_{aio} = 0^o$$

Da der Anstieg der über den bezogenen Schneidkraft a/s aufgetragenen Hauptschneidkraft, wie hier vorausgeschickt wird, mit abnehmendem Schneidspalt kleiner wird und bei $\frac{u}{s} = 0$ nahezu verschwindet, ist

$$\left(\frac{u}{s}\right)_o = 0$$

als Bezugswert besonders geeignet.

Die Berechnung der Hauptschneidkräfte vereinfacht sich, wenn wir die Blechdicke und die Fortschreitungsgeschwindigkeit auf die Maßeinheit beziehen:

$$s_o = 1 \text{ [mm]} \qquad \vartheta_{20} = 1 \left[\frac{\text{mm}}{\text{sec}}\right]$$

und für den Eingriffswinkel φ_a, der den Bezugsschneidquerschnitt bestimmt, den Bezugswert $\varphi_{ao} = 5{,}7^o$ [6] wählen, weil sein Kotangens gerade gleich 10 ist.

6. Dieser Wert ist auch in Hinblick auf die in dieser Arbeit verglichenen Verfahren zweckmäßig, weil er an den beiden Kreismesserschneidvorrichtungen noch einstellbar war und auch die Messungen am Langmesserschnitt auf ihn interpoliert werden konnten

In der gewonnenen Formel ist der Einfluß der Größen auf die Hauptschneidkraft gut übersehbar, denn jede der multiplikativ miteinander verknüpften Teilfunktionen stellt die relative Einwirkung einer Einflußgröße und die Wechselwirkung zwischen dieser und den übrigen Größen dar; gleichzeitig kann die Formel in bequem zu handhabenden Berechnungsschaubildern dargestellt werden, wie im folgenden noch gezeigt wird.

Wollte man die in der Gleichung vorkommenden Teilfunktionen vollständig durch Versuche bestimmen, so müßte man zunächst beim Grenzfall, der die kleinste Anzahl von Veränderlichen aufweist, beginnen und von da aus über Fälle, die jeweils eine oder mehrere Veränderliche enthalten, bis zum allgemeinsten Fall vordringen. Durch die große Anzahl unabhängiger Veränderlicher wäre dieser Weg langwierig, auch würde die Reihenfolge den praktischen Erfordernissen nicht entsprechen, weil man eine Reihe von Veränderlichen in die Untersuchung einbeziehen müßte, die für die Praxis nur von geringer Bedeutung sind. An Hand der in der vorliegenden Arbeit untersuchten Schneidverfahren wird nun gezeigt, wie man durch Bestimmung nur eines Teiles der Glieder bereits zu wertvollen Berechnungsunterlagen kommt.

4.23 Gleichung für die untersuchten Verfahren

Wie eingangs erwähnt, beschränkt sich der Verfasser auf die Ermittlung der Schneidkräfte am Kreismesserschnitt zwischen Messern gleichen Halbmessers und auf den Kreis-Langmesserschnitt, bei dem das Langmesser vollkantig am Blech anliegt. Er zieht ferner den Langmesserschnitt zwischen geraden Schneidkanten, von denen die eine am Blech vollkantig anliegt, zum Vergleich heran.

Auf Grund der großen Anzahl der am Schneidvorgang beteiligten unabhängigen Veränderlichen kann es nicht Gegenstand einer Arbeit sein, die Einwirkung aller Größen auf die Hauptschneidkraft zu untersuchen. Wir beschränken uns daher nur auf einige Größen, und zwar auf diejenigen, die für die Praxis von besonderer Bedeutung sind (vgl. Tab.5).

Auf der Kreis-Langmesserschneidvorrichtung, deren Meßeinrichtung für Bleche von 1 bis 10 mm ausgelegt worden war, untersuchten wir den Einfluß von

$$\frac{s}{s_o},\quad \frac{s}{R},\quad \varphi_a,\quad \frac{u}{s},\quad \frac{B}{s},\quad \beta_a \text{ und } \frac{\vartheta_2}{\vartheta_{20}}$$

Tabelle 5

Einflußgrößen auf die Schneidkraft

	Einflußgrößen	dimensionslose Größen	Bezugswerte K.M.	Bezugswerte K.L.M.	Bezugswerte L.M.	untersuchte (+) bzw. gleichgehaltene Größen K.M.	K.L.M.	L.M.[1]
Werkstück	W	$\frac{F_{s_0} \cdot k_{s10}}{P_{10}}$	$F_{s_0} = 2{,}5\ mm^2$	$F_{s_0} = 5\ mm^2$		+	+	+
	s	$\frac{s}{s_0}$	$s_0 = 1\ mm$			+	+	+
	B	$\frac{B}{s}$	$\left(\frac{B}{s}\right)_0 = \infty$			$\frac{B}{s} = \infty$	+	+
	L	$\frac{L}{s}$	—			—	—	—
Werkzeug	R	$\frac{s}{R}$	$\left(\frac{s}{R}\right)_0 = 0$			+	+	$\frac{s}{R} = 0$
	R^x	$\frac{s}{R^x}$	$\left(\frac{s}{R^x}\right)_0 = 0$			$\frac{s}{R^x} = \frac{s}{R}$	$\frac{s}{R^x} = 0$	
	α_a	α_a	$\alpha_{a_0} = 0°$			$\alpha_a = 0°$		
	α_a^x	α_a^x	$\alpha_{a_0}^x = 0°$			$\alpha_a^x = 0°$		
	β_a	β_a	$\beta_{a_0} = 90°$			$\beta_a = 90°$	+	+
	β_a^x	β_a^x	$\beta_{a_0}^x = 90°$			$\beta_a^x = 90°$	+	$\beta_a^x = \beta_a$
	μ	$\frac{\mu}{\mu_0}$	μ_0 = ohne Schmierung			ohne Schmierung		
Wirkpaar	u	$\frac{u}{s}$	$\left(\frac{u}{s}\right)_0 = 0$			+	+	+
	φ_a	φ_a	$\varphi_a = 5{,}7°$			+	+	+
	φ_a^x	φ_a^x	$\varphi_{a_0}^x = 5{,}7°$	$\varphi_a^x = 0°$		$\varphi_a^x = \varphi_a$	$\varphi_a^x = 0°$	
	δ_a	δ_a	$\delta_{a_0} = 0°$			$\delta_a = 0°$		
	δ_a^x	δ_a^x	$\delta_{a_0}^x = 0°$			$\delta_a^x = 0°$		
	$\varkappa_a$	$\varkappa_a$	$\varkappa_{a_0} = 0°$			$\varkappa_a = 0°$		
	$\varkappa_a^x$	$\varkappa_a^x$	$\varkappa_{a_0}^x = 0°$			$\varkappa_a^x = 0°$		
	λ_a	λ_a	$\lambda_{a_0} = f(R, \varphi_a)$		$\lambda_{a_0} = \varphi_{a_0}$	$\lambda_a = f(R, \varphi_a)$		$\lambda_a = \varphi_a$
	λ_a^x	λ_a^x	$\lambda_{a_0}^x = \lambda_{a_0}$	$\lambda_{a_0}^x = 0$		$\lambda_a^x = \lambda_a$	$\lambda_a^x = 0°$	
	r	$\frac{s}{r}$	$\left(\frac{s}{r}\right)_0 = f(R, \varphi_a)$		$\left(\frac{s}{r}\right)_0 = 0$	$\frac{s}{r} = f(R, \varphi_a)$		$\frac{s}{r^x} = 0°$
	r^x	$\frac{s}{r^x}$	$\left(\frac{s}{r^x}\right)_0 = \left(\frac{s}{r}\right)_0$	$\left(\frac{s}{r^x}\right)_0 = 0$		$\frac{s}{r^x} = \frac{s}{r}$	$\frac{s}{r^x} = 0°$	
	ϑ_2	$\frac{\vartheta_2}{\vartheta_{2_0}}$	$\vartheta_{2_0} = 1\ \frac{m}{s}$			+	+	+
	ϑ_2^x	$\frac{\vartheta_2^x}{\vartheta_{2_0}}$	$\vartheta_{2_0}^x = 1\ \frac{m}{s}$	$\vartheta_{2_0}^x = 0$		$\vartheta_2^x = \vartheta_2$	$\vartheta_{2_0}^x = 0$	

1) nach Versuchen von KELLER und KLOTZ

L.M. = Langmesserschnitt, K.M. = Kreismesserschnitt, K.L.M. = Kreis-Langmesserschnitt

und auf der Kreismesserschneidvorrichtung, auf der aus Steifigkeitsgründen nur Bleche bis zu 1 mm geschnitten werden konnten, den Einfluß von

$$\frac{s}{s_o}, \quad \frac{s}{R} \left(= \frac{s}{R^x}\right), \quad \varphi_a \left(= \varphi_a{}^x\right), \quad \frac{u}{s} \text{ und } \frac{\vartheta_2}{\vartheta_{20}}$$

Die übrigen Größen hielten wir auf den im vorigen Abschnitt gewählten Bezugswerten fest.

Die Messungen wurden an beiden Schneidverfahren jeweils mit den gleichen drei Stahlblechsorten (St 60, St 37 und St VIII) und zwei Aluminiumsorten, deren Festigkeitswerte in Tabelle 2 zusammengestellt wurden, ausgeführt.

Für den zum Vergleich herangezogenen Langmesserschnitt konnten aus dem Schrifttum Meßergebnisse über den Einfluß von

$$\frac{s}{s_o}, \quad \varphi_a, \quad \frac{u}{s}, \quad \frac{B}{s} \text{ und } \beta$$

entnommen werden, die beim Schnitt von Stahlblechen St 37 und z.T. auch St 60 ermittelt worden waren.

Beim Vergleich der an den drei Schneidverfahren ausgeführten Messungen muß beachtet werden, daß die Ergebnisse unter verschiedenen Gegebenheiten gefunden wurden, und zwar beim

Kreismesserschnitt:

$$\frac{S}{R} = \frac{S}{R^x}, \quad \varphi_a = \varphi_a^x, \quad \frac{S}{r} = \frac{S}{r^x} = f(R, \varphi_a) \quad \lambda_a = \lambda_a^x = (R, \varphi_a)$$

Kreis-Langmesserschnitt:

$$\frac{S}{R} = 0; \quad \varphi_a^x = 0; \quad \frac{S}{r^x} = 0; \quad \frac{S}{r} = f(R, \varphi_a); \quad \lambda_a^x = 0; \quad \lambda_a = (R, \varphi_a)$$

Langmesserschnitt:

$$\frac{S}{R} = \frac{S}{R^x} = 0; \quad \varphi_a^x = 0; \quad \frac{S}{r^x} = \frac{S}{r} = 0; \quad \lambda_a = 0; \quad \lambda_a^x = \varphi_a \; .$$

Doch konnte der Kreis-Langmesserschnitt hinsichtlich der Messerform durch Vergrößerung des Kreismessers und Verkleinerung der Blechdicke auf den zum Vergleich herangezogenen Langmesserschnitt und in gleicher Weise der Kreismesserschnitt auf den Schnitt zwischen geraden Schneidkanten, die im gleichen Winkel zur Blechoberfläche stehen, zurückgeführt werden.

Auf die Ermittlung der zwischen den Einflußgrößen bestehenden Wechselwirkungen wurde besonderer Wert gelegt, da die gewonnenen Erkenntnisse sich qualitativ auf andere Verfahren übertragen lassen und weitere Untersuchungen erleichtern. Wir untersuchten deshalb sowohl am Kreismesserschnitt als auch am Kreis-Langmesserschnitt alle zwischen den Einflußgrößen möglichen Wechselwirkungen und gingen entsprechend dem vorher angegebenen Untersuchungsbereich von den auf der folgenden Seite 83 zusammengestellten Gleichungen (7/10a) und (7/10b) aus. Beim Langmesserschnitt standen nur Messungen über die Wechselwirkung zwischen der Blechdicke und den übrigen Einflußgrößen zur Verfügung, mit denen sich die Gleichung (7/10c) als Ausgangsgleichung ergibt.

Der gleichartige Aufbau der drei Gleichungen erlaubt den Einfluß der bei den untersuchten Schneidverfahren auf verschiedenen Stufen festgehaltenen oder mit anderen Einflußgrößen gemeinsam veränderten Größen qualitativ abzuschätzen. Dabei kommt der Haupteinfluß dieser Größen im Unterschied des Schneidwiderstandes k_{s10} und die Wechselwirkung zwischen ihnen und den übrigen Einflußgrößen im Unterschied der jeweiligen Teilfunktionen zum Ausdruck (vgl. Anl.1).

Fassen wir die bei den Verfahren bestehenden unterschiedlichen Gegebenheiten in einer Veränderlichen V zusammen, so dürfen wir die drei aufgestellten Gleichungen zu der Gleichung (7/11) (s.S.83) zusammenfassen; der in dieser Gleichung benutzte Zeiger V bedeutet praktisch, daß jeweils das Verfahren angegeben werden muß, für das der spezifische Schneidwiderstand k_{s10} und die Teilfunktionen bestimmt wurden.

4.24 Meßergebnisse und Berechnungsschaubild

Auf die Versuche, die zur zahlenmäßigen Bestimmung der Gleichung (7/11) erforderlich sind, wird der Geschlossenheit der Darstellung wegen in einer besonderen Anlage (Anl.2) eingegangen. Auch sollen die Meßergebnisse an dieser Stelle nur insoweit behandelt werden, als wir sie zur Aufstellung eines Berechnungsschaubildes benötigen; die eingehende Besprechung der gefundenen Zusammenhänge erfolgt in Anlage 3.

Für die Aufstellung des Berechnungsschaubildes ist es zunächst wichtig zu wissen, welche Einflußgrößen sich bezüglich der Hauptschneidkräfte gegenseitig beeinflussen:

Von der größten Bedeutung ist der Nachweis, daß bei den drei Schneidverfahren zwischen der Blechdicke und den übrigen Einflußgrößen keine Wechselwirkung besteht. Das zeigt, wie richtig es war, die Blechdicke im allgemeinen Ansatz für die Hauptschneidkräfte als Bezugsmaßgröße einzuführen.

Kreismesserschnitt ($R = R^x$; $\varphi_a = \varphi_a^x$):

$$P_1 = k_{s10} \cdot F_{so} \left(\frac{P_1(s)}{P_1(s_o)}\right)_W \cdot \left(\frac{P_1(\frac{s}{R})}{P_1(\frac{s}{R})_o}\right)_{W,\frac{s}{s_o},\beta_a} \cdot \left(\frac{P_1(\varphi_a)}{P_1(\varphi_{ao})}\right)_{W,\frac{s}{s_o},\beta_a} \cdot \left(\frac{P_1(\frac{u}{s})}{P_1(\frac{u}{s})_o}\right)_{W,\frac{s}{s_o},\frac{s}{R},\varphi_a} \cdot \left(\frac{P_1(\vartheta_2)}{P_1(\vartheta_{20})}\right)_{W,\frac{s}{s_o},\frac{s}{R},\varphi_a,\frac{u}{s}} \quad (7/10a)$$

Kreis-Langmesserschnitt ($\varphi_a^x = 0$):

$$P_1 = k_{s10} \cdot F_{so} \left(\frac{P_1(s)}{P_1(s)}\right)_W \cdot \left(\frac{P_1(\beta_a)}{P_1(\beta_{ao})}\right)_{W,\frac{s}{s_o}} \cdot \left(\frac{P_1(\frac{s}{R})}{P_1(\frac{s}{R})_o}\right)_{W,\frac{s}{s_o},\beta_a} \cdot \left(\frac{P_1(\varphi_a)}{P_1(\varphi_{ao})}\right)_{W,\frac{s}{s_o},\beta_a,\frac{s}{R},\varphi_a} \cdot \left(\frac{P_1(\frac{u}{s})}{P_1(\frac{u}{s})_o}\right)_{W,\frac{s}{s_o},\beta_a,\frac{s}{R},\varphi_a} \cdot \left(\frac{P_1(\frac{B}{s})}{P_1(\frac{B}{s})_o}\right)_{W,\frac{s}{s_o},\beta_a,\frac{s}{R},\varphi_a,\frac{u}{s}} \cdot \left(\frac{P_1(\vartheta_2)}{P_1(\vartheta_{20})}\right)_{W,\frac{s}{s_o},\beta_a,\frac{s}{R},\varphi_a,\frac{u}{s},\frac{B}{s}} \quad (7/10b)$$

Langmesserschnitt ($\frac{s}{R} = \frac{s}{R^x} = 0$; $\varphi_a^x = 0$):

$$P_1 = k_{s10} \cdot F_{so} \left(\frac{P_1(s)}{P_1(s_o)}\right)_W \cdot \left(\frac{P_1(\beta_a)}{P_1(\beta_{ao})}\right)_{W,\frac{s}{s_o}} \cdot 1 \cdot \left(\frac{P_1(\varphi_a)}{P_1(\varphi_{ao})}\right)_{\frac{s}{s_o}} \cdot \left(\frac{P_1(\frac{u}{s})}{P_1(\frac{u}{s})_o}\right)_{\frac{s}{s_o}} \cdot \left(\frac{P_1(\frac{B}{s})}{P_1(\frac{B}{s})_o}\right)_{\frac{s}{s_o}} \quad (7/10c)$$

Ausgangsgleichung:

$$\boxed{P_1 = (k_{s10}) \cdot F_{so} \left(\frac{P_1(s)}{P_1(s_o)}\right)_{V,W} \cdot \left(\frac{P_1(\beta_a)}{P_1(\beta_{ao})}\right)_{V,W,\frac{s}{s_o}} \cdot \left(\frac{P_1(\frac{s}{R})}{P_1(\frac{s}{R})_o}\right)_{V,W,\frac{s}{s_o},\beta_a} \cdot \left(\frac{P_1(\varphi_a)}{P_1(\varphi_{ao})}\right)_{V,W,\frac{s}{s_o},\beta_a,\frac{s}{R}} \cdot \left(\frac{P_1(\frac{u}{s})}{P_1(\frac{u}{s})_o}\right)_{V,W,\frac{s}{s_o},\beta_a,\frac{s}{R},\varphi_a} \cdot \left(\frac{P_1(\frac{B}{s})}{P_1(\frac{B}{s})_o}\right)_{V,W,\frac{s}{s_o},\beta_a,\frac{s}{R},\varphi_a,\frac{u}{s}} \cdot \left(\frac{P_1(\vartheta_2)}{P_1(\vartheta_{20})}\right)_{V,W,\frac{s}{s_o},\beta_a,\frac{s}{R},\varphi_a,\frac{u}{s},\frac{B}{s}} \quad (7/11)}$$

Für die Verallgemeinerung der Ergebnisse ist es weiter von Bedeutung, daß sich für die drei Stahlblechsorten und die beiden Aluminiumsorten jeweils gleiche Teilfunktionen ergaben, da wir die Ergebnisse nun mit guter Näherung auch auf andere Stahlblech- bzw. Aluminiumblechsorten anwenden dürfen.

Ferner zeigten die Untersuchungen, daß sich der Eingriffswinkel, Schneidspalt, Messerkeilwinkel und die Stückbreite bezüglich der Hauptschneidkräfte nicht gegenseitig beeinflussen. Da der Nachweis sowohl für den Kreismesserschnitt als auch für den Kreis-Langmesserschnitt erbracht wurde, dürfen wir diese Erkenntnis auch auf den Langmesserschnitt übertragen, für den entsprechende Messungen fehlen.

Demgegenüber fanden wir eine ausgesprochene Wechselwirkung zwischen der Größe s/R, die den Krümmungsradius der Messer berücksichtigt, und den übrigen Einflußgrößen. Das ist für den Schneidvorgang von Interesse, weil daraus ersichtlich wird, wie weitgehend die Beanspruchungsverhältnisse an der Schnittstelle durch den Krümmungsradius bestimmt werden. Dabei ist hervorzuheben, daß der Messerkeilwinkel, dessen Haupteinfluß auf die Schneidkräfte gering ist, sich auf den Zusammenhang zwischen diesen und der Größe s/R besonders stark auswirkt, so daß ihm beim Schnitt zwischen gekrümmten Schneidkanten eine größere Bedeutung zukommt als beim Schnitt zwischen geraden Schneidkanten.

Für die Anwendung der Ergebnisse auf Blechdicken, die außerhalb der Untersuchungsbereiche der einzelnen Schneidverfahren liegen, ist es wesentlich, daß die Schneidkräfte einerseits im doppelt logarithmisch geteilten Funktionspapier linear mit der Blechdicke ansteigen und daß andererseits der Anstieg der Geraden bei den drei miteinander verglichenen Schneidverfahren gleich groß ist. Hierdurch ist es möglich, den auf der Kreismesserschneidvorrichtung erfaßten Bereich von 0,5 bis 1 mm bis zu 10 mm Blechdicke und den auf der Kreis-Langmesserschere untersuchten Bereich von 1 bis 10 mm bis zu 0,5 mm Blechdicke zu erweitern und die Ergebnisse auch auf den Langmesserschnitt anzuwenden, der nur für Blechdicken über 2 mm bisher untersucht wurde. Damit haben wir die Hauptschneidkräfte für die in der Praxis am häufigsten vorkommenden Blechdicken erfaßt.

Um den Einfluß der Größen zu erkennen, die bei den miteinander verglichenen Schneidverfahren auf verschieden große Werte festgehalten wurden, trugen wir die spezifische Schneidkraft P_{10} über die Blechdicke auf (Abb.42). Dem Bezugswert $\frac{s}{R} = 0$ gemäß beziehen sich die angegebenen

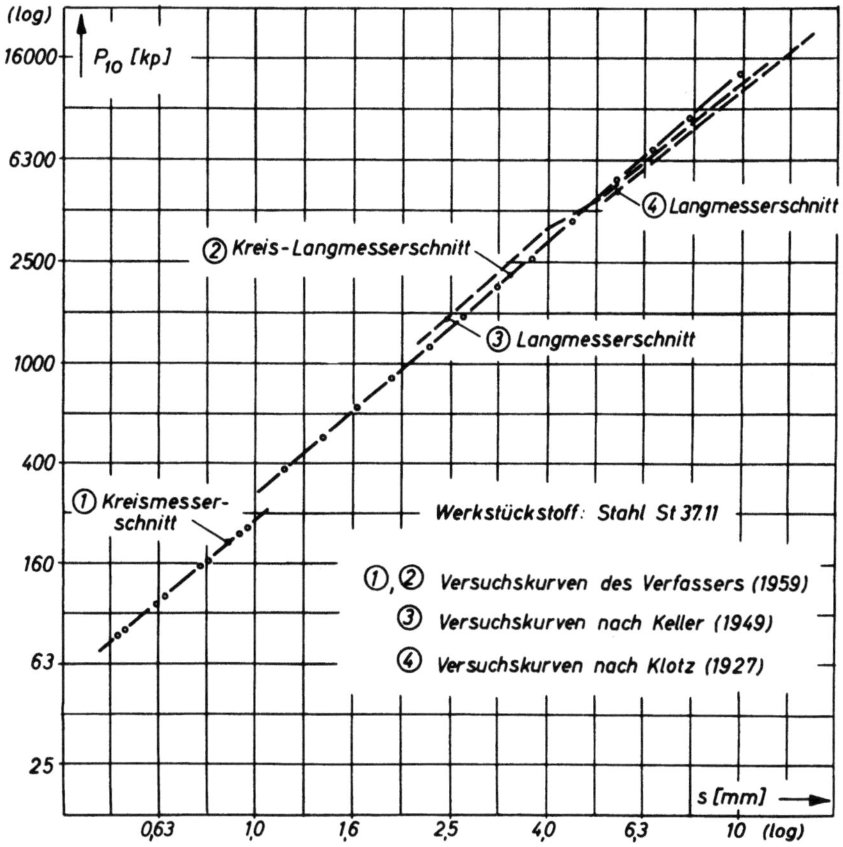

A b b i l d u n g 42

Hauptschneidkraft P_{10} und Blechdicke

— — — Langmesserschnitt $\varphi_a > 0$, $\varphi_a^x = 0$

— · — Kreis-Langmesserschnitt $\varphi_a > 0$, $\varphi_a^x = 0$

— ·· — Kreismesserschnitt $\varphi_a = \varphi_a^x > 0$, $R = R^x > 0$

Kurven auf den Schnitt zwischen geraden Schneidkanten, so daß in ihrem unterschiedlichen Verlauf der Einfluß der Kinematik des Schneidverfahrens und der Stellung der Schneidkanten zum Werkstück zum Ausdruck kommt. Da die aus den Messungen am Kreis-Langmesserschnitt abgeleitete Schneidkraftkurve mit den von KLOTZ (1928) und KELLER (1949) am Langmesserschnitt [10,11] ermittelten gut übereinstimmt, kann der Neigungswinkel λ_a und der Bewegungsradius r, in denen sich beide Verfahren unterscheiden, nur von geringfügigem Einfluß auf die Schneidkraft sein. Daraus dürfen wir weiter folgern, daß die Höhenversetzung der aus dem Kreismesserschnitt und dem Kreis-Langmesserschnitt für den Schnitt zwischen geraden Schneidkanten mit $\varphi_a = \varphi_a^x > 0$ bzw. $\varphi_a > 0$ $\varphi_a^x = 0$ abgeleiteten Kurven nicht auf die verschiedenen Bewegungsverhältnisse, sondern auf die unterschiedliche Anordnung der Schneiden zum Werkstück zurückzuführen ist. Wenn aber die Kinematik des Schnittes eine untergeordnete Bedeutung für die Hauptschneidkräfte hat, so dürfen wir die am Kreismesserschnitt und am Kreis-Langmesserschnitt gewonnenen Ergebnisse mit guter Näherung auch auf den Langmesserschnitt zwischen gekrümmten Schneidkanten anwenden.

Nachdem wir keinen Einfluß der Fortschreitgeschwindigkeit auf die Schneidkräfte feststellten, dürfen wir unter Berücksichtigung der gefundenen Wechselwirkungen für die Gleichung(7/11) schreiben:

$$P_1 = (k_{s10})_V \cdot F_{so} \left(\frac{P_1(s)}{P_1(s_o)}\right)_{(W)} \cdot \left(\frac{P_1(\frac{s}{R})}{P_1(\frac{s}{R})_o}\right)_{V(W)\beta} \cdot \left(\frac{P_1(\varphi_a)}{P_1(\varphi_{ao})}\right)_{V(W)\frac{s}{R}} \cdot \left(\frac{P_1(\frac{u}{s})}{P_1(\frac{u}{s})_o}\right)_{V(W)\frac{s}{R}} \cdot \left(\frac{P_1(\frac{B}{s})}{P_1(\frac{B}{s})_o}\right)_{V(W)\frac{s}{R}} \cdot \left(\frac{P_1(\beta)}{P_1(\beta_o)}\right)_{V(W)} \qquad (7/12)$$

in der (W) darauf hinweisen soll, daß die Teilfunktionen nur beim Schnitt von sehr verschiedenen Werkstoffen wie z.B. von Stahl und Aluminium unterschiedlich verlaufen.

Diese Gleichung bildet die Grundlage für die Schneidkraftformel, zu deren Aufstellung wir noch die Teilfunktionen durch algebraische Ausdrücke ersetzen müßten. Da jedoch solche Ausdrücke verwickelt würden, zogen wir der Schneidkraftformel die übersichtliche Darstellung der Gleichung in Form eines Schaubildes vor. Dazu fertigten wir für jede Teilfunktion ein Diagramm an, auf dessen Abszisse die jeweilige Einflußgröße und auf dessen Ordinate das Verhältnis aus Schneidkraft am Abszissenwert zu Schneidkraft am Bezugswert eingetragen wurde, während wir die an den Klammern stehenden Größen als Parameter berücksichtigten. Die Diagramme stellten wir in einem Berechnungsblatt zusammen, in das noch eine Tabelle für die Ermittlung des spezifischen Schneidwiderstandes vorgesehen wurde; für seine Anwendung bildet die Schneidkraftgleichung (G.7/12) die Richtschnur.

Ein in dieser Weise aufgestelltes Berechnungsschaubild für den Schnitt von Stahlblechen zeigt Abbildung 43. Der Schneidkraftgleichung (Gl.7/12) gemäß, haben wir zur Berechnung der Schneidkraft aus den Teilfeldern die den jeweiligen Gegebenheiten entsprechenden Faktoren abzugreifen und sie mit dem spezifischen Schneidwiderstand k_{s10} und dem Bezugsquerschnitt F_{s10} zu multiplizieren.

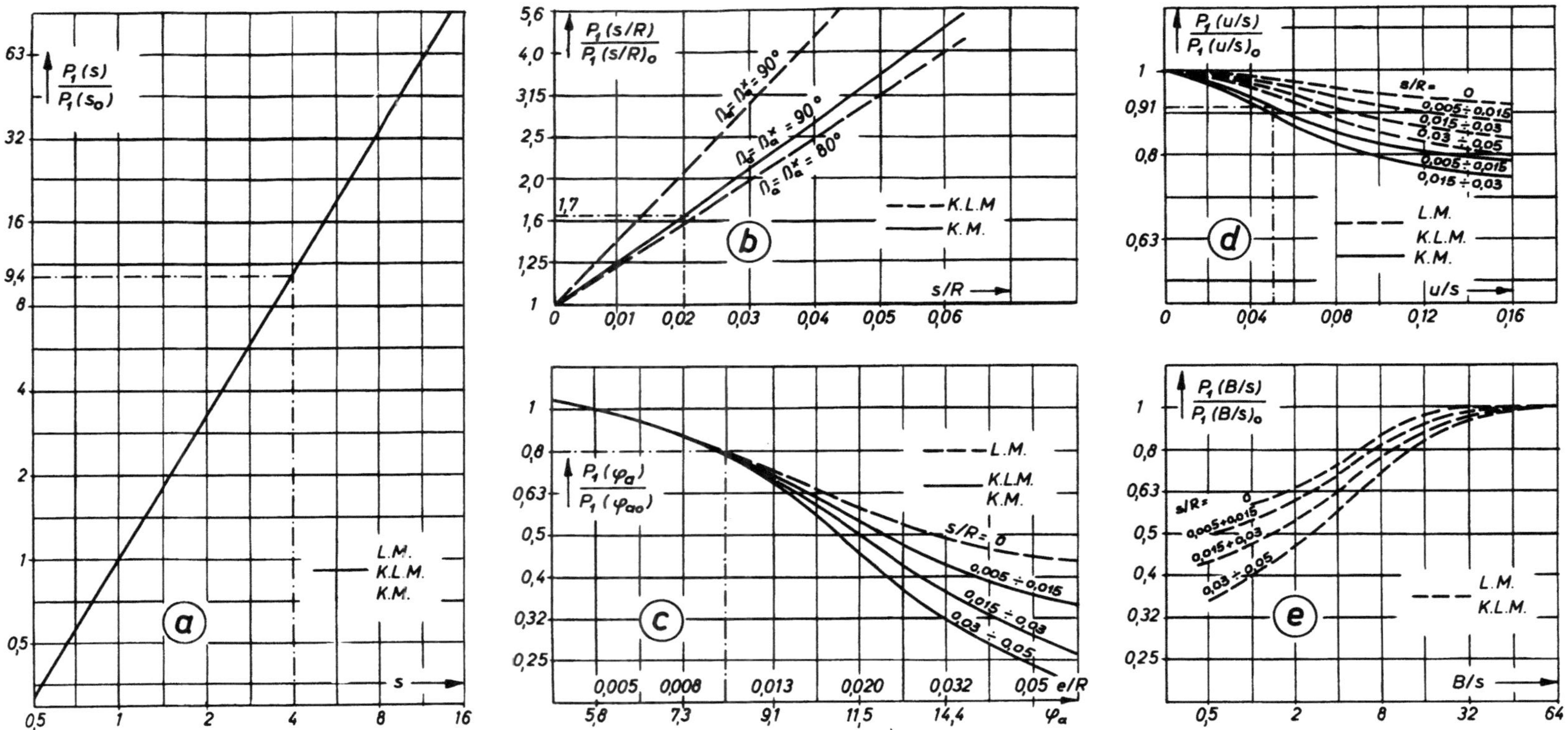

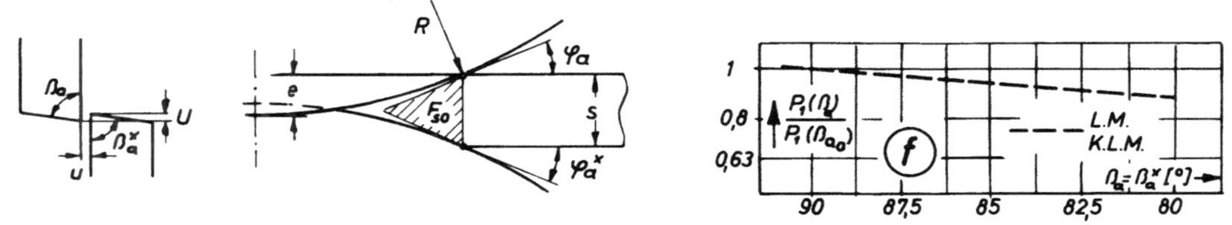

Schnitt mit:	spez. Schneidwiderst. k_{s10} St 60	St 37	St VIII	Schneidq. F_{s0}	Kurz-zeichen
Langmesser Kreis-Langm.	59	48,5	38,4	5 mm²	L.M. K.L.M.
Kreismesser $R=R^x$ $\varphi_a=\varphi_a^x$	57	46	[34]	2,5 mm²	K.M.

Schneidkraftgleichung

$$P_1 = k_{s10} \cdot F_{s0} \underset{a}{\left(\frac{P_1(s)}{P_1(s_0)}\right)_{(W)}} \cdot \underset{b}{\left(\frac{P_1(s/R)}{P_1(s/R)_0}\right)_{V,(W),\Omega_a}} \cdot \underset{c}{\left(\frac{P_1(\varphi_a)}{P_1(\varphi_{a0})}\right)_{(W),s/R}} \cdot \underset{d}{\left(\frac{P_1(u/s)}{P_1(u/s)_0}\right)_{V,(W),s/R}} \cdot \underset{e}{\left(\frac{P_1(B/s)}{P_1(B/s)}\right)_{V,(W),s/R}} \cdot \underset{f}{\left(\frac{P_1(\Omega_a)}{P_1(\Omega_{a0})}\right)_{(W)}}$$

Beispiel:
Kreismesserstreifenschere $R = R^x = 200$ mm

Stahl St VIII	s = 4 mm	s/R = 0,02	e/R = 0,01 ($\varphi_a = 8,9°$)	u/s = 0,05	B/s > 30	$\Omega_a = 90°$
34 · 2,5 ·	9,4 ·	1,7 ·	0,8 ·	0,91 ·	1 ·	1 = 960 Kp ± 10%

A b b i l d u n g 43

Schaubild für Hauptschneidkraft P_1 beim offenen Scherschnitt; Stahlblech

4.25 Hinweise für die Auslegung von Kreismesserscheren

Die Auslegung von Kreismesserscheren richtet sich in erster Linie nach dem Halbmesser der Werkzeuge. Er bestimmt den Abstand der Messerwellen und damit die Abmessungen der Maschinenständer. Ferner richten sich nach ihm die Übersetzung des Getriebes u.a. Bauglieder der Schere.

Aus dem Teilbild b des Berechnungsschaubildes (Abb.43) geht hervor, daß die Hauptschneidkräfte mit der Größe s/R ansteigen, und zwar als Folge der Verfestigung des im Schnitt befindlichen Werkstoffes, wie in Abschnitt 3 gezeigt wurde. Nun beziehen sich die im Teilbild dargestellten Kurven auf einen Eingriffswinkel, d.h. bei der Aufnahme der Meßpunkte wurden die Kreismesser verschiedenen Halbmessers jeweils so eingestellt, daß sie im gleichen Winkel am Blech eingriffen, so daß auch der zwischen ihnen liegende Schneidquerschnitt gleich groß war. In Wirklichkeit werden die Kreismesser mit Rücksicht auf die Güte der Schnittkante und die Verformung der Schnitteile jedoch so zugestellt, daß das Blech gerade noch geschnitten wird. Dann ist der Schneidquerschnitt beim Schnitt zwischen kleinen Kreismessern kleiner als zwischen großen.

Betrachten wir unter dieser Bedingung die Schneidkräfte in Abhängigkeit vom Kreismesserradius, so müssen wir beachten, daß mit zunehmendem Halbmesser zwar die Verfestigung des Werkstoffes und damit die Schneidkräfte abnehmen, der Schneidquerschnitt jedoch zunimmt, was eine Schneidkrafterhöhung bedeutet. Anhand von Abbildung 44 kann verfolgt werden, wie sich die gegensinnig wirkenden Faktoren auf die Hauptschneidkraft auswirken. In ihm sind die Teilfunktionen für den Einfluß der Größen s/R und φ_a, von denen der Schneidquerschnitt gleichfalls abhängt, über den Halbmesser R für verschiedene Blechdicken s aufgetragen. Es zeigt, daß bei kleinen Kreismessern die Schneidkräfte in erster Linie durch den Einfluß der Verfestigung des Werkstückstoffes bestimmt werden; sie nehmen mit zunehmendem Kreismesserradius ab. Erst nach einem bestimmten, von der Blechdicke abhängigen Verhältnis wird die Zunahme des Schneidquerschnittes für den Kurvenverlauf maßgebend; die Schneidkräfte steigen mit dem Kreismesserradius an.

Für die Auslegung von Kreismesserscheren folgt daraus die Erkenntnis, daß es für den Schnitt jeder Blechdicke einen bestimmten Kreismesserradius gibt, bei dem die Hauptschneidkräfte zum Minimum werden. Bei der Ermittlung des günstigsten Halbmessers muß beachtet werden, daß sich die Größe s/R und die übrigen Größen in ihrer Einwirkung auf die Haupt-

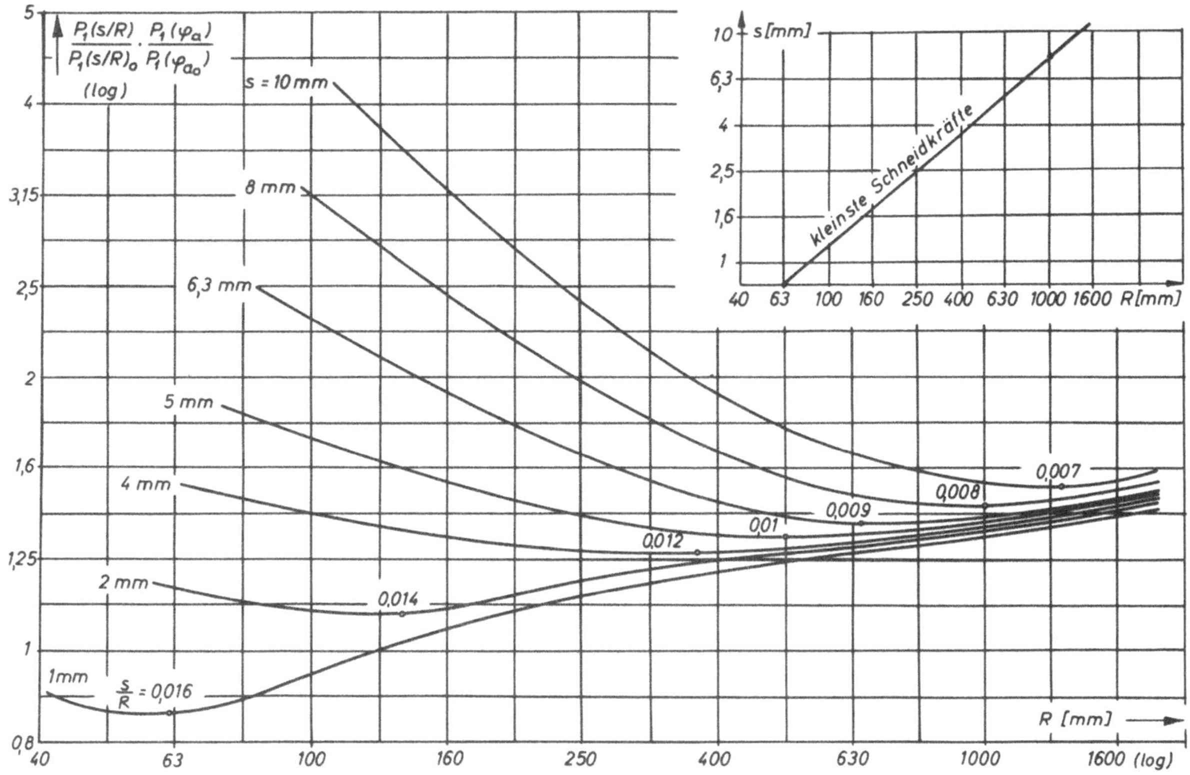

A b b i l d u n g 44

Kreismesserradius und Hauptschneidkraft

V: Kreismesserschnitt $R = R^x$, $\varphi_a = \varphi_a{}^x$

Wkz: $\beta_a = \beta_a{}^x = 90^o$

Wkst: $B/S = B^x/s > 30$ Werkstoff: St 37.11

schneidkraft P_1 gegenseitig beeinflussen, so daß das aus der Abbildung abzulesende optimale Verhältnis s/R nur für die in der Legende angeführten Schneidbedingungen gilt. Wird mit Kreismessern geschnitten, deren Messerkeilwinkel kleiner als 90° ist, oder sollen Aluminiumbleche geschnitten werden, bei denen die Hauptschneidkräfte mit dem Verhältnis von s/R nicht so stark ansteigen, so ergeben sich ebenso wie auch für den Besäumschnitt kleinere optimale Werte für s/R.

4.3 Abdrängkraft

Gegenüber der leistungsführenden Hauptschneidkraft P_1 tritt die wesentlich kleinere Abdrängkraft P_3 in ihrer Bedeutung zurück. Als Berechnungsgröße für die Neukonstruktion von Scheren braucht sie nicht für jede beliebige Schneidaufgabe bestimmt zu werden, sondern es genügt, sie für die schwerste geplante Schneidaufgabe einmal zu ermitteln und nach dieser Größe die Bauteile der Schere zu bemessen. Aus diesem Grunde lohnt es sich nicht, Berechnungsschaubilder aufzustellen, aus denen ihre Größe für alle Schneidbedingungen bestimmt werden kann. Vielmehr ist es zweckmäßiger, für die ungünstigsten an der Schere einstellbaren Schneidbedingungen das Verhältnis $\frac{P_3}{P_1}$ aus Abdrängkraft zu Hauptschneidkraft anzugeben, so daß nach der Ermittlung von P_1 die auftretende Abdrängkraft sofort berechnet werden kann.

Beim Kreismesserschnitt sind verschiedene Blechhalterungen üblich; das Blech wird entweder durch Rollen geführt oder ist auf dem Scherentisch aufgespannt, an dem die Kreismesser vorbeigeführt werden. Die Art der Blechhaltung, und deren Anordnung bestimmt, wie vorher gezeigt, die Abdrängkräfte maßgeblich mit. Da die Erfassung dieses Einflusses den Rahmen der Aufgabe überschritten hätte, ohne seine Kenntnis die Verallgemeinerung der Meßergebnisse aber nicht oder nur ungenau möglich ist, beschränkten wir uns auf Stichversuche, die lediglich zum Ziel hatten, die Größenordnung für das Verhältnis $\frac{P_3}{P_1}$ zu ermitteln.

Bei den Versuchen wurde das Blech durch Rollen geführt, die, unmittelbar vor den Kreismessern mit dem Durchmesser 75 mm angeordnet waren. Bei dem üblichen Schneidspalt von 5 % der Blechdicke und einer Messerüberdeckung von U = 0 maßen wir beim Schnitt von 0,5; 0,75 und 1 mm dicken Stahlblechen (St 37) ein Verhältnis $\frac{P_3}{P_1}$ von 0,2 bis 0,25, wobei der größere Wert an dünnen und der kleinere Wert an den dickeren Blechen festgestellt wurde.

Beim Kreis-Langmesserschnitt wie beim Schnitt zwischen kreuzenden Schneidkanten, von denen eine vollkantig am Blech anliegt, überhaupt, ist das Blech auf dem Scherentisch, der zugleich die eine Schneidkante trägt, aufgespannt. Bei diesem Schneidverfahren, bei dem die Blechhaltung von vornherein festgelegt ist, verfolgten wir auch den Einfluß der folgenden Größen:

Blechdicke s
Stückbreite B
Eintauchtiefe e (bzw. Messerüberdeckung U)
Schneidspalt u,

und zwar beim Schnitt von Stahlblech St 37 mit einem Kreismesser vom Halbmesser R = 200 mm.

Mit abnehmendem Schneidspalt steigt das Verhältnis P_3/P_1 aus Abdrängkraft zu Hauptschneidkraft an (Abb.45). Das ist für die Scherenbenutzer

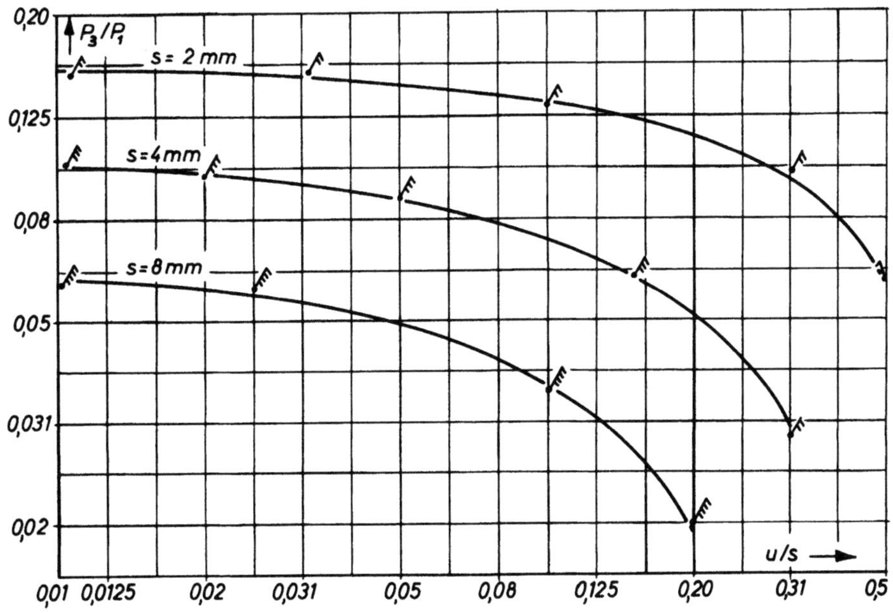

A b b i l d u n g 45

Verhältnis der Teilkräfte P_3/P_1 und Schneidspalt u/s

V: Kreis-Langmesserschnitt

Wkz: R = 200 mm $\beta_a = \beta_a^x = 90^\circ$; e/s = 1

Wkst: Stahl St 37.11 ; B/s >30

von Interesse, weil hohe Abdrängkräfte große Flächenpressungen an der Freifläche der Messer und damit großen Verschleiß verursachen. Es sollte deshalb nicht mit unnötig kleinem Schneidspalt geschnitten werden.

Da das größte Verhältnis P_3/P_1 für die Auslegung von Scheren, wie oben bereits ausgeführt, maßgebend ist, wurden die folgenden Messungen nur bei kleinen bezogenen Schneidspalten von u/s = 0,01 ausgeführt.

Mit zunehmender Blechdicke nimmt die Abdrängkraft weniger stark zu als die Hauptschneidkraft, so daß das Verhältnis P_3/P_1 gemäß Abbildung 46 kleiner wird, ein Ergebnis, zu dem auch KLOTZ [10] und KELLER [11] bei Schneidkraftmessungen am Langmesserschnitt zwischen geraden Schneidkanten kam.

Ebenfalls nimmt das Verhältnis P_3/P_1 mit kleiner werdender Eintauchtiefe e ab, wie aus der Höhenversetzung der für verschiedene auf die Blechdicke bezogenen Eintauchtiefen $\frac{e}{s}$ aufgenommenen Versuchskurven (Abb.46) ersichtlich ist. Wenn auch die Abnahme in erster Linie durch den mit abnehmender Eintauchtiefe verbundenen Anstieg der Hauptschneidkräfte verursacht wird, so maßen wir doch bei großen Eintauchtiefen bzw. Messerüberdeckungen größere Abdrängkräfte als bei kleineren Eintauch-

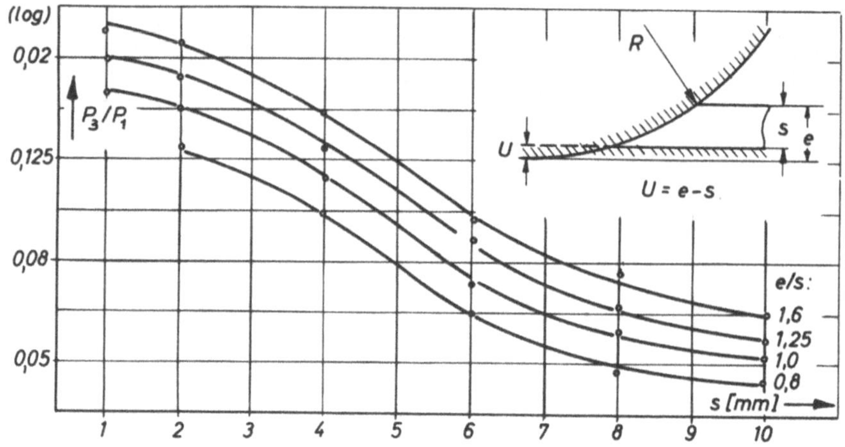

A b b i l d u n g 46

Verhältnis der Teilkräfte P_3/P_1 und Blechdicke s

V: Kreis-Langmesserschnitt

Wkz: R = 200 mm $\beta_a = \beta_a^x = 90^o$; u/s = 0,01

Wkst: Stahl St 37.11 ; B/s > 30

tiefen. Aus diesem Grunde muß bei der Ermittlung der Abdrängkraft die größte einstellbare Überdeckung der Schere zugrunde gelegt werden.

Die bisher besprochenen Ergebnisse bezogen sich auf das Abschneiden von breiten Streifen ($\frac{B}{s}$ > 30). Wie weit sich die Verhältnisse beim Schneiden schmaler Streifen ändern, zeigt Abbildung 47, in der die Abdrängkraft auf diejenige beim Schnitt großer Stückbreiten bezogen, über das

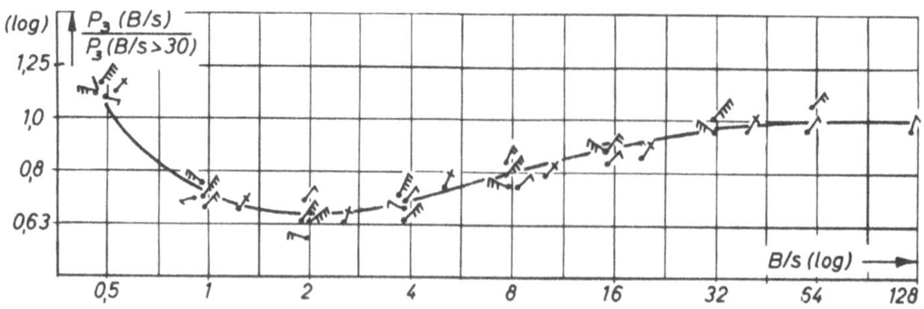

A b b i l d u n g 47

Abdrängkraft und Stückbreite

V: Kreis-Langmesserschnitt

Wkz: R = 400 mm $\beta_a = \beta_a^x = 90^o$

u/s = 0,01 e/s = 1

Wkst: Stahl St 37.11

Verhältnis B/s aufgetragen wurde. Die an verschiedenen Blechdicken gemessenen Werte folgen der gleichen Kurve und sind bei B/s = 2 bis 4 am kleinsten. Das ist für das Besäumen von Blechen von Interesse, da bei dieser Besäumbreite auch mit der geringsten Abnutzung der Werkzeuge gerechnet werden darf. Der von da mit abnehmender Stückbreite zu beobachtende Zuwachs der Abdrängkraft erklärt sich durch die geringer werdende Stützwirkung des Saumes, während der mit wachsender Stückbreite erfolgende Anstieg von P_3 auf die Zunahme der Hauptschneidkraft zurückzuführen ist.

Da die Abdrängkräfte bei sehr schmalen und breiten Stücken nahezu gleich groß sind und bei der Auslegung der Scheren die ungünstigsten Verhältnisse zugrunde gelegt werden müssen, sind Besäumscheren für die gleichen Abdrängkräfte zu bemessen wie Streifenscheren.

5. Die Leistung an Kreismesserscheren und Kreis-Langmesserscheren

Ist die Lage des Angriffspunktes der resultierenden Schneidkraft P_{12} in der Schneidebene bekannt, so kann aus der Hauptschneidkraft P_1, für die im vorigen Abschnitt eine Berechnungsgrundlage aufgestellt wurde, die erforderliche Schneidleistung N_s berechnet werden.

Mit der Entfernung f_A des Angriffspunktes von der gemeinsamen Normalen der beiden Kreismesserschneidkanten bzw. der Kreismesserschneidkante und der Langmesserschneidkante - gemessen in der Werkstückebene - ergibt sich für die untersuchten Verfahren die Schneidleistung aus den Gleichungen:

Kreismesserschnitt

$$R = R^x, \quad \varphi_a = \varphi_a^x \qquad N_s = 2\,\frac{P_1 \cdot f_A \cdot \vartheta_2}{R} \tag{8/1}$$

Kreis-Langmesserschnitt

$$\varphi_a^x = 0 \qquad N_s = \frac{P_1 \cdot f_A \cdot \vartheta_2}{R}$$

Zur praktischen Berechnung der Leistung wird im allgemeinen der Angriffspunkt im Schwerpunkt des von den Schneidkanten eingeschlagenen Scherdreieckes angenommen, so daß mit den in Abbildung 48 eingeführten Bezeichungen

$$f_A = f_K + \frac{2}{3}\,(f_E - f_k) = \frac{2}{3}\,f_E + \frac{1}{3}\,f_K \tag{8/2}$$

gesetzt wird.

Um diese Beziehung nachzuprüfen, maßen wir an der Kreismesserschere, deren beide Messer angetrieben waren, das Drehmoment und an der Kreis-Langmesservorrichtung, bei der das Werkstück mit dem Langmesser am Kreismesser vorbeigeführt wurde, die Fortschreitkraft P_2 und bestimmten aus den folgenden Beziehungen den Angriffspunktabstand f_A:

$$\text{Kreismesserschere:} \quad f_A = \frac{M_d}{P_1} \qquad \text{Kreis-Langmesserschere:} \quad f_A = \frac{P_2}{P_1} \cdot R \tag{8/3}$$

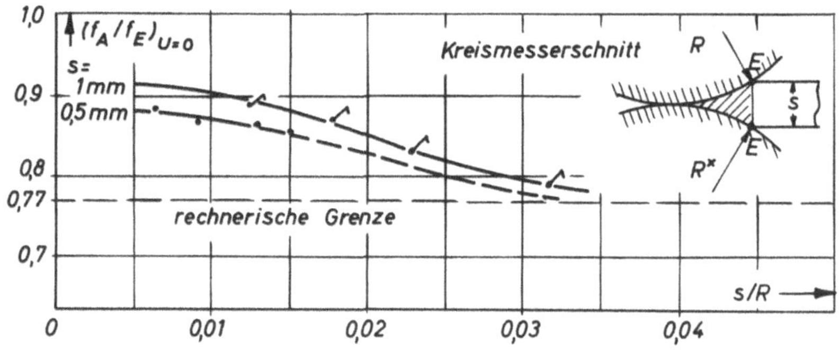

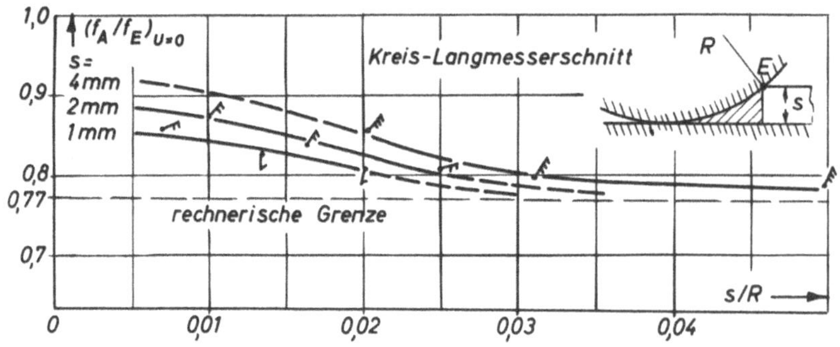

A b b i l d u n g 48

Angriffpunkt der Hauptschneidkraft, Blechdicke und Kreismesserradius
Wkz: $\beta_a = \beta_a^x = 90°$ $U = 0$; $u/s = 0,1$ $B/s > 30$
Wkst: Stahl St 37.11

Die Versuche zeigten, daß der Angriffspunkt nur im Grenzfall mit dem Schwerpunkt des Scherdreieckes zusammenfällt, im allgemeinen aber vor diesem, d.h. näher den Eingriffspunkten der Schneidkanten liegt. Das ist verständlich, weil die Trennung, wie in Abschnitt 3 gezeigt, schon vor dem Kreuzungspunkt der Schneidkanten abgeschlossen ist. Hierdurch ergibt die Gleichung (8/2) zu kleine Werte für f_A, so daß auch die Leistung zu klein berechnet wird.

Aus den Versuchen ergab sich, daß die Lage des Angriffspunktes in erster Linie vom Kreismesserradius und von der Blechdicke abhängt. Ihren Einfluß erkennt man aus der Abbildung 48, in der das Verhältnis $\left(\frac{f_A}{f_E}\right)$ für verschiedene Blechdicken bei einer Überdeckung U = 0 und einem Schneidspalt u/s = 0,1 über dem Verhältnis s/R aufgetragen wurde. Da sich der Trennpunkt T - d.h. der Punkt in der Schnittebene, in dem die Trennung abgeschlossen ist - gemäß Abschnitt 3 mit wachsendem Verhältnis s/R zum Kreuzungspunkt der Schneidkanten hin verschiebt, ist es verständlich, daß sich die Kurven mit zunehmendem s/R dem rechnerischen Grenzwert $\frac{f_A}{f_E} = \frac{2}{3}$ nähern.

Darüber hinaus zeigten Stichversuche, daß innerhalb des Scherquerschnittes sich die Lage des Angriffspunktes weder verändert, wenn zwischen sich überdeckenden Messern, noch wenn mit Einzugsspalt geschnitten wird. Damit kann mit Hilfe der Schaubilder (Abb.48) das Verhältnis von $\frac{f_A}{f_E}$ auch bei Überdeckungen, die von 0 verschieden sind, berechnet werden:

$$\frac{f_A}{f_E} = \left(\frac{f_s}{f_E}\right)_{U=0} + \frac{f_K}{f_E} \tag{8/4}$$

und wir erhalten gemäß Gleichung (8/1) für die Berechnung der Leistung die Beziehungen

Kreismesserschnitt:

$$R = R^x \quad \varphi_a = \varphi_a^x \qquad N_s = 2\frac{P_1 \cdot \vartheta_2}{R}\left[\left(\frac{f_A}{f_E}\right)_{U=0} + \frac{f_k}{f_E}\right] \cdot f_E$$

Kreislangmesserschnitt: $\varphi_a^x = 0$

$$N_s = \frac{P_1 \cdot \vartheta_2}{R}\left[\left(\frac{f_A}{f_E}\right)_{U=0} + \frac{f_k}{f_E}\right] \cdot f_E \tag{8/5}$$

In ihnen sind P_1 und $\left(\frac{f_A}{f_E}\right)_{U=0}$ Versuchswerte, die aus den aufgestellten Schaubildern abzugreifen sind, während sich die übrigen Größen (f_K, f_E und R) aus der Geometrie des Schnittes ergeben (vgl.Abschn.2).

Da die Hauptschneidkraft P_1 mit abnehmendem Eingriffswinkel stark wächst, wird beim Schnitt mit Einzugsspalt eine größere Leistung benötigt, als beim Schnitt mit sich überdeckenden Messern. Deshalb darf die Größe $\frac{f_k}{f_E}$ für die Leistungsbemessung von Scheren außer acht gelassen werden und wir erhalten für die praktische Berechnung von Scheren die einfacheren Beziehungen:

Kreismesserschere: $N_s = 2\ \vartheta_2 \cdot P_1 \cdot (\frac{f_A}{f_E})_{U=0} \sqrt{2\frac{e}{R} - (\frac{e}{R})^2}$

$R = R^x \quad \varphi_a = \varphi_a^x$

Kreis-Langmesserschere: $N_s = \vartheta_2 P_1 \cdot (\frac{f_A}{f_E})_{U=0} \sqrt{2\frac{e}{R} - (\frac{e}{R})^2}$ (8/6)

$\varphi_a^x = 0$

6. Zusammenfassung

In der Blechbearbeitung ist der Scherschnitt das häufigste Arbeitsverfahren; er wird teils als geschlossener, teils als offener Schnitt ausgeübt. Wissenschaftlich ist der erstere in mancherlei Hinsicht untersucht worden, dagegen liegen über den offenen Schnitt nur wenige Veröffentlichungen vor. Die meisten Untersuchungen beschränken sich auf das Feinblech; der offene Schnitt hat indes seine größere Bedeutung beim Grobblech. Man bedient sich seiner in drei Kombinationen von Messern:

a) Langmesser - Langmesser
b) Kreismesser - Langmesser
c) Kreismesser - Kreismesser.

In dieser Arbeit wird über experimentelle Untersuchungen zu b) und c) berichtet. Zu a) werden Arbeiten Dritter ausgewertet und das Ganze zu einer einheitlichen Betrachtung verschmolzen.

Um das Gebiet des offenen Schnittes einer wissenschaftlichen Betrachtung zugänglich zu machen, wurde seine Geometrie und Kinematik systematisch entwickelt und die den Schnitt beeinflussenden Größen erfaßt; Hand in Hand damit wurden neue Benennungen vorgeschlagen.

Der Schneidvorgang wird durch das Zusammenwirken von Beanspruchungsverlauf an der Schnittstelle und das Werkstoffverhalten bestimmt. Von den äußeren am Schnitteil angreifenden Kräften der Werkzeuge und des Blechhalters hängt die Lage, die das Blech während des Schnittes zu den Schneidkanten einnimmt, ab. Sie und die Form der Schneiden bestimmen den Kräftefluß im Innern des Werkstückes. Unter ihm verformt sich der Werkstoff an der Schnittstelle und bestimmt je nach seinem Formänderungsvermögen und seiner Neigung zur Verfestigung den Ablauf der Trennung.

Mit Rücksicht auf die Güte der Schnittflächen sollte die Anordnung des Blechhalters beim Kreismesserschnitt der Lage, die das Werkstück unter den Schneidkräften zu den Messern einnimmt, angepaßt werden. Auf welche Weise das erreicht werden kann, wurde aufgezeigt.

Eine Besonderheit des kreuzenden Schnittes ist es, daß der in Trennung befindliche Werkstückquerschnitt nur zu einem Teil unter der von der Schneidkante eingeleiteten Querkraft - längs der Krafteinleitzone - steht und im restlichen Querschnitt - längs der kraftfreien Zone - unter den durch die Schnitteile selbst übertragenen Kräften reißt. Die Krafteinleitzone wird an den schräg zur Werkstückoberfläche stehenden Messern mit zunehmendem Eingriffswinkel, Schneidkantenkrümmung und abnehmender Stückbreite gegenüber der außenkraftfreien Zone kleiner, so daß die dort an der Stirnfläche vorliegende Pressung größer wird. Hierin erblicken wir die Ursache dafür, daß an Langmesserscheren das schräg zur Werkstückoberfläche stehende Messer stärker als das vollkantig schneidende und daß an Kreismesser-Besäumscheren das Kreismesser, welches den Saum abtrennt, mehr als das andere Messer an seiner Stirnfläche verschleißt. Durch die verhältnismäßig kleine Krafteinleitzone an Kreismessern, deren Halbmesser klein gegenüber der Blechdicke ist, erklären sich Schneidkantenausbrüche.

Im Innern des Werkstückes läuft der Schneidvorgang beim kreuzenden Schnitt wie beim vollkantigen in zwei Phasen ab, die mit Hilfe von Querschnitten durch die Schnittstelle eingeschnittener Bleche sichtbar gemacht wurden.

In der ersten Phase wird der Werkstoff rings um die Schnittstelle herum plastisch verformt und verfestigt. Auf Grund der Werkstoffstruktur konnte der Verlauf der Hauptspannungstrajektorien aufgezeigt und eine Gleichung zur Ermittlung des optimalen Schneidspaltes angegeben werden.

In der zweiten Phase erfolgt die Trennung durch Risse. Sie entstehen an den am höchsten beanspruchten Werkstoffpartien nahe der Schneiden, und zwar infolge der vor den Freiflächen der Werkzeugen befindlichen verfestigten Werkstoffzone nicht an den Schneidkanten direkt, sondern - wie auch beim geschlossenen Schnitt - in einem gewissen Abstand von ihnen vor der Freifläche der Werkzeuge. Darin erblicken wir die Ursache für die Entstehung des Grates.

Der weitere Trennverlauf kann auf dreierlei Weise vor sich gehen:

Durch Riss I.Art; sie entstehen beim Schnitt mit kleinen Schneidspalten ($u/s < 0{,}05$). In der Umgebung der Schneiden beginnend, laufen sie aus dem Gebiet höchster Werkstoffbeanspruchung heraus und führen dadurch nicht zur Trennung. Beim Schnitt dicker Bleche kann es zu einer größeren Anzahl von Einrissen I.Art kommen, durch die die Schnittfläche schuppig aussieht.

Durch Risse II.Art wird die Trennung vollzogen. Sie entstehen entweder in der Umgebung beider Schneiden und vereinigen sich oder erfolgen von einer Werkstückseite aus. Werden stärker zur Verfestigung neigende Werkstoffe, wie Stahlblech - insbesondere zwischen Kreismessern, deren Halbmesser gegenüber der Blechdicke klein ist - geschnitten, so kommt es zu verfestigten Werkstoffpartien im Gebiet der größten Werkstoffbeanspruchung, die sich einer Vereinigung der Risse widersetzen, und es entsteht an einer der beiden Schnittflächen ein Zipfel. Es wurde nachgewiesen, daß die Zipfelbildung weniger durch den Schneidspalt als hauptsächlich durch Verkleinerung des Verhältnisses aus Blechdicke zu Kreismesserhalbmesser (s/R) verringert oder abgestellt werden kann.

Durch Risse III.Art erfolgt die Trennung bei großer außenkraftfreier Zone. Durch die besondere Schubbeanspruchung entsteht nach den Rissen I.Art ein neuer Riß, der quer durch das verfestigte Werkstoffgebiet in der Hauptbeanspruchungszone hindurchläuft, so daß jede der beiden Schnittflächen einen Zipfel aufweist.

Nachdem die Trennung des zwischen den Schneidkanten befindlichen Werkstückquerschnittes bereits abgeschlossen ist, kann sich beim kreuzenden Schnitt mit kleinem Schneidspalt, insbesondere zwischen Kreismessern - durch den Rißverlauf bedingt - Werkstoff vor den Schneiden befinden, der abgeschabt wird und sich zu sogenannten Schabspänen aufrollt. Die Schabspäne stören bei der Adjustage von Feinblechen, weil sie beim Stapeln zwischen die Bleche gelangen und sich in ihre Oberfläche eindrücken. Die Schabspanbildung ist durch Vergrößerung des Schneidspaltes ohne Schwierigkeit abzustellen.

Die Verformung der Schnitteile ist in erster Linie von der Breite der Schnitteile und vom Eingriffswinkel abhängig. Es wurde nachgewiesen, daß sich verschieden dicke Streifen ähnlich verformen und insbesondere der Anteil der Biegung und Verdrehung gleich ist, wenn das Verhältnis aus Stückbreite zu Blechdicke B/s gleich ist.

Die Kenntnis der Kräfte in Scheren ist bei der Neukonstruktion von Werkzeugmaschinen und für ihren leistungsgerechten Einsatz erforderlich: eine besondere Bedeutung hat dabei die Hauptschneidkraft P_1 als leistungsführende Kraft. Für ihre Berechnung wurde aufgrund von Messungen des Verfassers beim Schneiden zwischen zwei Kreismessern mit gleichem Halbmesser und zwischen Kreismesser und Langmesser und unter Zuhilfenahme von Messungen Dritter zwischen zwei Langmessern eine neue Grundlage geschaffen. Sie umfaßt den kreuzenden Schnitt von Blechen zwischen 0,5 bis 10 mm Dicke und ist für den tätigen Praktiker in bequem zu handhabenden Schaubildern niedergelegt

Für die Konstruktion von Kreismesserscheren ist von besonderer Bedeutung, daß die Hauptschneidkräfte bei einem bestimmten Verhältnis von

Blechdicke zu Kreismesserradius (s/R) einen Kleinstwert haben; beim optimalen Verhältnis s/R entspricht die Güte der erzielten Schnittflächen der durch Langmesserscheren mit geraden Schneidkanten erzeugbaren.

Die größte beim Kreismesserschnitt und Kreis-Langmesserschnitt seitlich an den Messern wirkenden Abdrängkräfte P_3 wurden ermittelt und Näherungsgleichungen zu ihrer Bestimmung aufgestellt.

Durch Messung des Antriebsmomentes M_d der Kreismesser beim Kreismesserschnitt und der Fortschreitkraft P_2 beim Kreis-Langmesserschnitt wurde der Angriffspunkt der leistungsführenden Schneidkraft P_1 ermittelt und Berechnungsunterlagen für die Leistungsbemessung von Kreismesser- und Kreis-Langmesserschneidmaschinen ausgearbeitet.

Anlage 1

Aufspaltung von Funktionen mehrerer Veränderlicher in Teilfunktionen

Bei der Untersuchung von Fertigungsvorgängen besteht oftmals die Aufgabe, den Einfluß einer Reihe von unabhängigen Größen (Veränderlichen) auf eine Bestimmungsgröße, z.B. die Kraft, Arbeit oder Leistung, anzugeben. Dabei muß damit gerechnet werden, daß zwischen den am Vorgang beteiligten Einflußgrößen a...z in bezug auf die Bestimmungsgröße K Wechselwirkungen bestehen, d.h. der Einfluß einer Größe vom jeweiligen Einstellwert anderer Größen abhängt. Die Bestimmungsgröße K ist also eine Funktion mehrerer Veränderlicher a...z

$$K = f\ (a, b \ldots z) \tag{A 1/1}$$

Häufig überwiegt der Haupteinfluß der Größen die zwischen ihnen bestehenden Wechselwirkungen. In allen diesen Fällen lohnt es sich, die Funktion mehrerer Veränderlicher in Teilfunktionen aufzuspalten, die multiplikativ verknüpft sind und von denen jede die Hauptwirkung <u>einer</u> Einflußgröße angibt

$$K = K_o \cdot \left(\frac{K_{(a)}}{K_{(a_o)}}\right)_{b_o \ldots z_o} \cdot \left(\frac{K_{(b)}}{K_{(b_o)}}\right)_{a, c_o \ldots z_o} \cdot \left(\frac{K_{(c)}}{K_{(c_o)}}\right)_{a, b, d_o \ldots z_o} \ldots \left(\frac{K_{(z)}}{K_{(z_o)}}\right)_{a \ldots z} \tag{A 1/2}$$

$$K_o = K\ (a_o, b_o, c_o \ldots z_o)$$

Der zahlenmäßige Zusammenhang zwischen der Bestimmungsgröße und den Einflußgrößen kann mit Hilfe der Gleichung (A 1/2) einfach und anschaulich in Schaubildern dargestellt werden. Hierzu ist für jede Teilfunktion ein Schaubild anzufertigen, in dem diese in Abhängigkeit von der Einflußgröße, deren Hauptwirkung sie berücksichtigt, aufgetragen wird; die Größen, deren Wechselwirkung sie mit berücksichtigt, erscheinen im Schaubild als Parameter.

Umgekehrt ist auch die praktische Berechnung der Bestimmungsgröße bequem auszuführen; denn es brauchen gemäß Gleichung (A 1/2) nur die sich bei den jeweiligen Gegebenheiten für die Teilfunktionen ergebenden Faktoren aus den Schaubildern abgegriffen und mit der Bestimmungsgröße K_o bei den Bezugswerten zusammen multipliziert werden.

Lfd. Nr.	Kombination a	b	Meßwert M
1	0,1	1	18
2	0,2	1	31,5
3	0,4	1	56
4	0,1	4	16
5	0,2	4	28
6	0,4	4	48
7	0,1	8	11
8	0,2	8	18
9	0,4	8	28

Meßwerte Tabelle

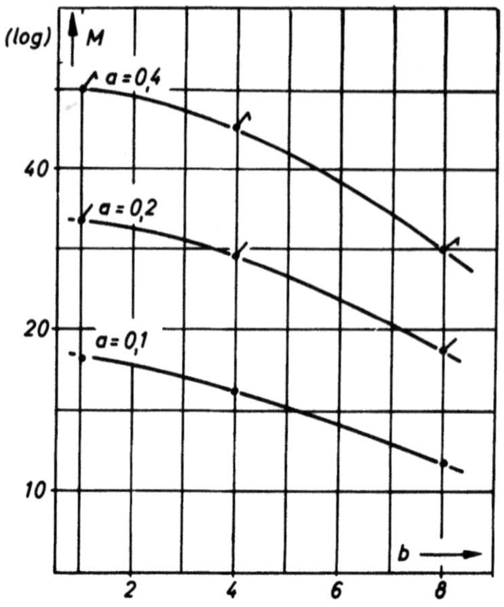

α), f(a,b) nicht aufgespalten

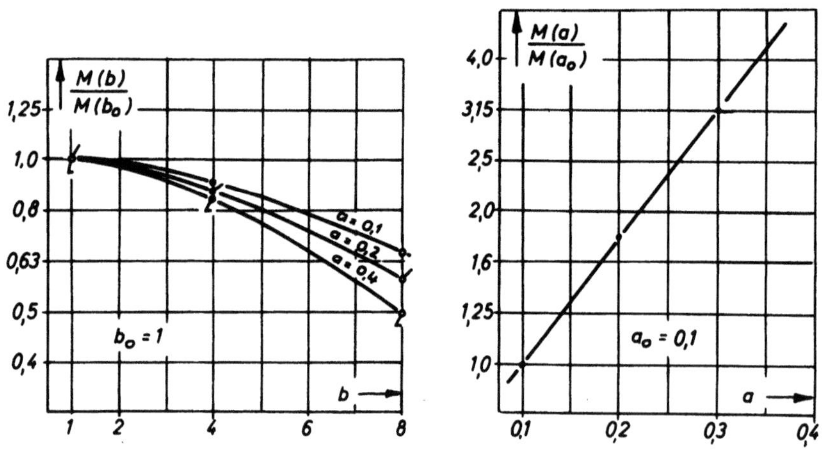

$$M = K_o \cdot \left(\frac{M(a)}{M(a_o)}\right) \cdot \left(\frac{M(b)}{M(b_o)}\right)$$

$$K_o = K(a_o, b_o) = 18$$

β), f(a,b) aufgespalten

A b b i l d u n g 49

Darstellung einer Funktion zweier Veränderlicher f (a,b)

α) nicht aufgespalten
β) aufgespalten

Deutlich erkennt man die Verhältnisse aus dem Beispiel (Abb.49) für die Darstellung einer Funktion zweier Veränderlicher f (a, b).

α) nicht aufgespalten

β) aufgespalten.

Aus der Gegenüberstellung geht hervor, daß Zwischenwerte der als Parameter aufgetragenen Größen a und b in der Darstellung β) genauer als in der Darstellung α) abzulesen sind. Auch übersieht man in Darstellung β gut, wie stark sich die Größen a und b in ihrem Einfluß auf die Bestimmungsgröße gegenseitig beeinflussen; denn es bedeuten: weit auseinander liegende Kurven eine starke, nahe beieinander liegende eine schwache und aufeinander fallende Kurven gar keine Wechselwirkung zwischen den Größen.

Die Bezugswerte können frei gewählt werden. Gibt es bei dem zu beschreibenden Vorgang Sonderfälle, für die eine Anzahl Einflußgrößen feste Werte annehmen, so ist es zweckmäßig, die Bezugswerte auf diese Werte festzulegen. Besteht nur in einem begrenzten Bereich zwischen Größen eine Wechselwirkung, so sollte man den Bezugswert in dem Bereich, in dem sich die Größen nicht gegenseitig beeinflussen, wählen, weil dann die Parameterkurven enger beieinander liegen, so daß Zwischenwerte für die Parametergröße genauer abzulesen sind.

Aus der aufgespalteten Funktion ist eine Systematik für die Planung von Versuchen abzulesen. Sie gibt gemäß Gleichung (A 1/2) die folgenden, den vollständigen Zusammenhang zwischen der Bestimmungsgröße und den Einflußgrößen umfassenden Versuchskombination an:

Glied: K_o : $(a_o, b_o \ldots z_o)$

Glied: $\left(\frac{K_{(a)}}{K_{(a_o)}}\right)_{b_o, z_o}$: $(a_1 b_o \ldots z_o), (a_2 b_o \ldots z_o) \ldots (a_n b_o \ldots z_o)$

Glied: $\left(\frac{K_{(b)}}{K_{(b_o)}}\right)_{a, c_o \ldots z_o}$:

$(b_1 a_1 c_o \ldots z_o)(b_2 a_1 c_o \ldots z_o) \ldots (b_n a_1 c_o \ldots z_o)$

$(b_1 a_2 c_o \ldots z_o)(b_2 a_2 c_o \ldots z_o) \ldots (b_n a_2 c_o \ldots z_o)$

\- -

$(b_1 a_n c_o \ldots z_o)(b_2 a_n c_o \ldots z_o) \ldots (b_n a_n c_o \ldots z_o)$

und so fort. $a_1 \ldots a_n$ = Einstellwerte für a

$b_1 \ldots b_n$ = Einstellwerte für b

Besteht andererseits die Aufgabe, zu dem bekannten Einfluß der Größen a und b auf die Bestimmungsgröße noch den Einfluß einer weiteren Größe c zu ermitteln, gibt die Gleichung (A 1/2) gemäß Glied $\left(\frac{K_{(c)}}{K_{(c_o)}}\right)_{a, b, d_o \ldots z_o}$ an, daß bei den neuen Versuchen d bei verschiedenen Einstellwerten $a_{1 \ldots n}$ und $b_{1 \ldots n}$ variiert werden muß. Dazu sind nach den Regeln der Kombinatorik

$$Z = (n-1)^{m-1} \qquad \text{(A 1/3)}$$

Versuche erforderlich, wenn zur Ermittlung jeder Funktion m Versuchswerte erforderlich sind und der Einfluß von n = 3 unabhängigen Veränderlichen (a,b,c) auf die Bestimmungsgröße ermittelt werden soll.

Ein besonderer Vorzug, den Zusammenhang zwischen einer Bestimmungsgröße und mehreren Veränderlichen in der aufgezeigten Form anzugeben, offenbart sich, wenn aus einem Problem mehrere Teilaufgaben herausgelöst werden sollen, bei denen jeweils eine oder mehrere Einflußgrößen auf unterschiedlichen Größen gleichgehalten werden müssen.

Dieser Fall lag z.B. in der vorliegenden Arbeit beim Vergleich des auf den Schnitt zwischen geraden Schneidkanten reduzierten Kreismesserschnitten und Kreis-Langmesserschnitten vor. Bei ersterem griffen beide Schneidkanten im gleichen Winkel φ_a am Werkstück an ($\varphi_a = \varphi_a^x$), indes beim zweiten die eine Schneidkante vollkantig schnitt ($\varphi_a^x = 0$).

Durch die Aufspaltung der Funktion ist es möglich, den Einfluß der Größen, die verschieden eingestellt waren, abzuschätzen; denn ihr Haupteinfluß kommt im Unterschied der Faktoren K_o und die Wechselwirkung zwischen ihnen und den übrigen Größen in dem unterschiedlichen Verlauf der Teilfunktionen zum Ausdruck.

Wird z.B. bei einem Vorgang, der durch die Einflußgrößen a, b, c vollständig bestimmt wird, nur der Einfluß von a und b ermittelt und dabei in einem Fall die Größe c auf den Wert c_1 und in dem anderen Fall auf den Wert c_2 eingestellt, so erhalten wir für die beiden Teilaufgaben je eine Gleichung:

$$K_1 = K_{o1} \left(\frac{K_{(a)}}{K_{(a_o)}}\right)_{c_1} \cdot \left(\frac{K_{(b)}}{K_{(b_o)}}\right)_{a,c_1} \qquad K_{o1} = K(a_o, b_o, c_1)$$

(A 1/4)

$$K_2 = K_{o2} \left(\frac{K_{(a)}}{K_{(a_o)}}\right)_{c_2} \cdot \left(\frac{K_{(b)}}{K_{(b_o)}}\right)_{a,c_2} \qquad K_{o2} = K(a_o, b_o, c_2)$$

Der Unterschied zwischen K_{o1} und K_{o2} gibt den Haupteinfluß von der Einflußgröße an, der unterschiedliche Verlauf der Teilfunktionen für die Hauptwirkung von a die Wechselwirkung zwischen a und c und derjenigen für die Hauptwirkung von b die Wechselwirkung zwischen b und c.

Der im Beispiel aufgezeigte Vergleich bedeutet, anders ausgedrückt, daß der Einfluß der Größe c auf die Bestimmungsgröße anhand von zwei verschiedenen Einstellwerten c_1 und c_2 abgeschätzt wurde. Liegt das Ergebnis für weitere Einstellwerte von c vor, so kann schließlich die Einwirkung dieser Größe quantitativ angegeben werden. Die Gleichungen (A 1/4) gehen in die aufgespaltete Funktion von drei Funktionen über:

$$K = K_o \left(\frac{K_{(a)}}{K_{(a_o)}}\right)_{a_o b_o c_o} \cdot \left(\frac{K_{(b)}}{K_{(b_o)}}\right)_{a, b_o, c_o} \cdot \left(\frac{K_{(c)}}{K_{(c_o)}}\right)_{a,b}$$

$$K_o = K \quad (a_o, b_o, c_o)$$

A n l a g e 2

Versuche zur Ermittlung der Hauptschneidkraft

Planung

Die Aufgabe der Schneidkraftmessungen bestand gemäß Abschnitt 4.23 darin, beim Kreismesserschnitt zwischen Messern gleichen Halbmessers die Funktion

$$P_1 = f\ (R,\ s,\ W,\ U,\ u,\ v_2)$$

und beim Kreis_Langmesserschnitt, dessen Untermesser vollkantig schneidet, die Funktion

$$P_1 = f\ (R,\ s,\ W,\ U,\ u,\ B,\ \beta_a,\ v_2)$$

quantitativ zu bestimmen.

Die Zusammenstellung der Versuchspaarungen konnte auf zweierlei Weise erfolgen, nämlich:

a) so, daß mit möglichst wenig Messungen die vorgegebene Genauigkeit erzielt wird (Geneuigkeitsmaßstab)
b) so, daß mit geringstem Zeitaufwand die Messungen in der vorgegebenen Genauigkeit ausgeführt werden können (Wirtschaftlichkeitsmaßstab).

Wenn alle zur Durchführung der Messungen erforderlichen Einstellungen an der Versuchsvorrichtung die gleiche Zeit in Anspruch nehmen, sind beide Wege identisch.

An den zu dieser Arbeit erstellten Vorrichtungen dauerte die Einstellung der Veränderlichen verschieden lang. So mußten zur Veränderung der Messerhalbmesser (R) die Werkzeuge ausgewechselt, neu eingerichtet und die Vorrichtungen geeicht werden. Die Einstellung der Messerüberdeckung U und des Schneidspaltes u nahm weniger Zeit in Anspruch, und die Änderung der werkstückseitigen Einflußgrößen: Werkstückstoff W, Blechdicke s und Stückbreite B, war ohne besonderen Zeitaufwand möglich. Der Verfasser entschied sich deshalb für den Weg b und stellte den Gesichtspunkt der Wirtschaftlichkeit in den Vordergrund.

Meist lohnt es sich, durch Vorversuche den funktionalen Zusammenhang der Größen, d.h. ihre gegenseitige Beeinflussung durch Versuche zu klären; denn jede Wechselwirkung zwischen Größen, die auf diese Weise eliminiert werden kann, verringert den Versuchsumfang beträchtlich. Bei den vorliegenden Untersuchungen mußte auf Vorversuche weitgehend verzichtet werden, weil die Auswertung des Versuches sowie die Einstellung der Versuchsvorrichtungen langwierig war und die Maschine, auf der die Kreis-Langmesserschneidvorrichtung aufgebaut war, nur begrenzte Zeit zur Verfügung stand.

Aus diesem Grunde wurde dort, wo eine stärkere Wechselwirkung zwischen Größen nicht ausgeschlossen war, diese im Versuchsplan berücksichtigt und dafür auf eine Wiederholung von Versuchen verzichtet. Bestätigte sich die angenommene Wechselwirkung nicht, so kamen die dafür vorgesehenen Versuche der Genauigkeit des Ergebnisses zugute.

Beispielsweise wurde zur Aufnahme der Schneidkräfte in Abhängigkeit der Streifenbreite jeweils 3 Blechdicken und 10 Streifenbreiten vorgesehen. Nachdem sich herausstellte, daß beide Größen unabhängig voneinander die Schneidkraft beeinflussen, konnte jeder Versuchspunkt der über die Streifenbreite dargestellten Schneidkraft aus drei und jeder Versuchspunkt der über die Blechdicke ermittelten Versuchskurve aus zehn Meßwerten gemittelt werden.

Bei Größen, zwischen denen nur eine geringe oder gar keine Wechselwirkung zu erwarten war, wurde die Annahme durch Stichversuche überprüft.

Wieweit die gegenseitige Beeinflussung der Größen untersucht wurde, ist aus dem sogenannten Funktionsplan (Tab. 6) ersichtlich:

Beim Kreismesserschnitt wurden gemäß Zeile 1 alle zwischen R, U, u, W und s möglichen Kombinationen gebildet und die Fortschreitungsgeschwindigkeit v_2 bei den Versuchen gleichgehalten. Die Haupteinwirkung von v_2 verfolgten wir gemäß Zeile 2 einschließlich der Wechselwirkungen zwischen W und s, untersuchten jedoch nicht die zwischen v_2, U und u evtl. bestehende Wechselwirkung, nachdem sich herausstellte, daß die Fortschreitgeschwindigkeit die Schneidkräfte nicht beeinflußt und auch die Einwirkung von W und s auf die Hauptschneidkraft von ihr unabhängig ist.
Beim Kreis-Langmesserschnitt gingen wir zunächst gemäß Zeile 3 und 4 wie beim Kreismesserschnitt vor. Den Einfluß der Stückbreite B untersuchten wir gemäß Zeile 5 einschließlich der bestehenden Wechselwirkungen zwischen ihr, R, s und W (Werkstückstoff), während die gegenseitige Beeinflussung von B und den Maschineneinstellgrößen U, u gemäß Zeile 6 nur beim Schnitt mit einem Kreishalbmesser R überprüft wurde. Den Einfluß des Messerkeilwinkels β_a verfolgten wir gemäß Zeile 7 ebenfalls nur beim Schnitt mit einem Kreismesserhalbmesser.

Aus dem Funktionsplan leitet sich der Versuchsplan (Tab.7) ab, der die Versuchspaarungen festlegt und den Variationsbereich sowie die Einstellgrößen selbst angibt.

Tabelle 6

Funktionsplan

Zeile	Schneidverfahren v	Einflußgröße + = verändert - = gleich gehalten								untersuchter funktionaler Zusammenhang	Zeile im Versuchsplan
		R	β	U	u	W	s	B	v_2		
1	Kreismesser-	+	-	+	+	+	+	-	-	$P_1=f(R,U,u,W,s)$	1 bis 4
2	schnitt	-	-	-	-	+	+	-	+	$P_1=f(W,s,v_2)$	3
3		+	-	+	+	+	+	-	-	$P_1=f(R,U,u,W,s)$	5,7,10
4		-	-	-	-	+	+	-	+	$P_1=f(W,s,v_2)$	9
5	Kreis-	+	-	-	-	+	+	+	-	$P_1=f(R,W,s,B)$	6,8,11
6	Langmesser-	-	-	+	+	+	+	-	-	$P_1=f(U,u,s,B)$	12
7	schnitt	-	+	+	+	+	+	-	-	$P_1=f(\beta,U,u,W,s,B)$	10, 13
8		-	+	-	-	+	+	+	-	$P_1=f(\beta,w,s,B)$	11, 14

In Spalte 1 und 2 sind die Einflußgrößen, die das Werkzeug betreffen, in Spalte 3 und 4 die die Zustellung der Messer zueinander angegeben, in Spalte 5 und 6 die Größen des Werkstückes und in Spalte 7 die Fortschreitgeschwindigkeit angegeben. Für die Paarungen der in Spalte 3 bis 7 angegebenen Veränderlichen bestanden für jede Zeile Sonderpläne, die die Versuchsgrößen so einander zuordneten, daß die dimensionslosen Größen gemäß Spalte 8 bis 12 den in der Praxis üblichen Bereich überdeckten.

Werden die Veränderlichen in der im Versuchsplan von links nach rechts angegebenen Reihenfolge, die nach der Dauer der Umstellung aufgestellt wurde, eingestellt, so entsteht der geringste Zeitaufwand bei der Versuchsdurchführung:

So braucht z.B. gemäß Zeile 2 die Überdeckung der Messer, für die der längste Zeitaufwand erforderlich ist, nur 5mal und der Schneidspalt 5 x 4 = 20mal eingestellt zu werden, während 5 x 4 x 6 = 120 Werkstücke aufgespannt werden müssen, wozu - wie vorher angeführt - kein besonderer Zeitaufwand erforderlich war.

Anmerkungen zur Versuchsdurchführung und Meßgenauigkeit

Vor Beginn der Schneidkraftmessungen wurde die Auffederung der Versuchsvorrichtungen an der Schnittstelle, und zwar in der Schneidebene senkrecht zur Werkstückmittelebene und senkrecht zur Schneidebene in der Werkstückmittelebene in Abhängigkeit von der Hauptschneidkraft und Abdrängkraft gemessen. Mit Hilfe der aufgenommenen Kurven konnte der im Schnitt vorliegende Schneidspalt und die Messerüberdeckung aus den Einstellwerten ermittelt werden.

Um die Schneidkräfte bei Arbeitsschärfe der Werkzeuge zu ermitteln, schnitten wir mit jedem Werkzeugpaar eine Länge von 30 bis 40 m und maßen zur Sicherheit die Schneidkräfte nach jeder Versuchsreihe unter den gleichen Schneidbedingungen wie zu Beginn. In keinem Falle wurde festgestellt, daß die während der Versuche stattgefundene geringfügige Messerabnutzung die Schneidkräfte beeinflußte.

Nach dem Einbau und vor dem Ausbau jedes Werkzeuges wurde die Meßvorrichtung geeicht. Die festgestellten Abweichungen der Eichkurven lagen innerhalb der Streuung und wurden gemittelt. Um frühzeitig Fehler im elektrischen Teil der Meßvorrichtungen, wie Veränderungen von Übergangswiderständen in Schaltern, Spannungsschwankungen im Leitungsnetz, Beschädigungen von Leitungen usw., zu erkennen, wurde stündlich die Empfindlichkeit der Anzeige mit Hilfe der an den Meßbrücken befindlichen Dehnungseichschaltern überprüft. Für die Überwachungsmaßnahmen war ein Plan aufgestellt, in dem auch besondere Beobachtungen an der Meßvorrichtung festgehalten wurden.

T a b

Vers

Spalte		1							2		3											4																	
Zeile	Schneid-verfahren V	Werkzeug: Halbmesser R [mm] (Beim Kreismesserschnitt R=R*)							Keil-winkel $\frac{\beta_a}{\beta_a^*}\left[\frac{°}{°}\right]$		Stellung der Werkzeuge zueinander 1): Einzugsspalt bzw. Überdeckung -U [mm] +U [mm]											Schneidspalt u [mm]									Werks… St 60.11			St 37.11					
		32,5	42,5	57,5	75	80	125	200	90/90	80/80	-3	-2	-1	-0,5	-0,25	0	0,25	0,5	1	1,5	2	0,01	0,02	0,04	0,08	0,1	0,16	0,2	0,6	1,2	1	2	4	1	2	4	6	8	10
1		+							+					—	—	—	—	—				—	—	—	—	—	—							+					
2	Kreismesser-schnitt		+						+					—	—	—	—	—				—	—	—	—									+					
3				+					+					—	—	—	—	—				—	—	—	—	—	—							+					
4					+				+					—	—	—	—	—				—	—	—	—									+					
5						+				+		—	—	—	—	—	—	—	—	—	—				—	—	—	—	—					—	—	—			
6						+				+										+						+								—	—	—			
7							+			+		—	—	—	—	—	—	—	—	—	—				—	—	—	—	—					—	—	—			
8							+			+			+							+						+								—	—	—			
9							+			+										+						+								—	—	—			
10	Kreis-Lang-messerschnitt							+		+	—	—	—	—	—	—	—	—	—	—	—				—	—	—	—	—	—	—	—	—	—	—	—	—	—	—
11								+		+										+						+								—	—	—	—	—	
12								+		+				—	—	—	—	—	—	—					—	—	—	—	—							—	—	—	
13								+	+		—	—	—	—	—	—	—	—	—	—	—				—	—	—	—	—	—	—	—	—	—	—	—	—	—	—
14								+	+											+						+								—	—	—	—	—	

Bemerkungen:

1) Für den Schneidspalt und den Einzugsspalt bzw. die Überdeckung sind die abgerundeten Einstellwerte angegeben; den Versuchskurven liegen die Genauwerte zugrunde, bei denen die Maschinenfederung berücksichtigt wurde.

2) Die Blechdicke ist abgerundet; die Genauwerte sind in Tafel 0/2 angegeben.

3) Im allgemeinen im heutigen Scherenbau gebräuchliche Werte.

+ = Einstellgröße

├──┤ = Veränderungsbereich der Einstellgröße

Bezeichnungen: — -

7

												6									7					8	9	10	11	12
Werkstück																										Veränderungsbereich der Kenngrößen				
s [mm] 2)												Breite B [mm]									Bandgeschwindigkeit v_2 [m/s]					bezog. Blechdicke s/s_0	auf R bezogene Blechdicke s/R	auf R bezogene Eindringtiefe e/R	auf s bezogene (r) Schneidspalt u/s	auf s bezogene (r) Breite B/s
	Al Mg 3h				Al Mg 3w																									
	1	2	4	6	0,5	0,8	1	2	4	6	10	1	2	4	8	16	32	64	128	256	0,08	0,16	0,32	0,63	1,25	von bis	von bis	von bis	von bis	von bis
	+																+					+				0,5 - 1,0	0,016 - 0,032	0,006 - 0,030	0,005 - 0,16	–
	+				├	—	┤										+					+				0,5 - 1,0	0,012 - 0,024	0,005 - 0,025	0,005 - 0,08	–
	+																+				├	—	—	—	┤	0,5 - 1,0	0,009 - 0,018	0,004 - 0,020	0,005 - 0,16	–
	+				├	—	┤										+					+				0,5 - 1,0	0,006 - 0,013	0,003 - 0,015	0,005 - 0,08	–
┤	├	—	—	┤			├	—	—	┤							+						+			1 - 6	0,013 - {0,050 / 0,075}	0,006 - 0,080	0,020 - 0,31	–
							├	—	—	┤		├	—	—	—	—	—	—	—	┤			+			1 - 6	–	–	–	0,5 - 256
┤	├	—	—	┤			├	—	—	┤							+						+			1 - 6	0,008 - {0,032 / 0,050}	0,005 - 0,060	0,020 - 0,31	–
┤	├	—	—	┤			├	—	—	┤		├	—	—	—	—	—	—	—	┤			+			1 - 6	–	–	–	0,5 - 256
							├	—	—	┤							+				├	—	—	┤		1 - 6	–	–	–	–
┤	├	—	—	┤			├	—	—	—	┤						+						+			1 - 10	0,005 - 0,05	0,005 - 0,060	0,015 - 0,35	–
							├	—	—	—	┤	├	—	—	—	—	—	—	—	┤			+			1 - 8	–	–	–	0,25 - 256
												├	—	—	—	—	—	—	—	┤			+			4 - 8	0,02 - 0,04	0,01 - 0,05	0,015 - 0,16	0,25 - 256
┤	├	—	—	┤			├	—	—	—	┤						+						+			1 - 10	0,005 - 0,05	0,005 - 0,060	0,015 - 0,35	–
							├	—	—	—	┤	├	—	—	—	—	—	—	—	┤			+			1 - 8	–	–	–	0,25 - 256
																					Gebräuchlicher Bereich 3)					0,1 - 40	0,01 - 0,02	0,005 - 0,025	0,01 - 0,15	< 1

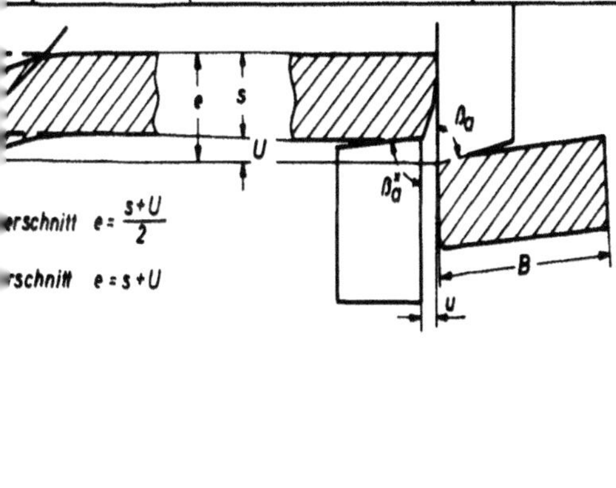

...erschnitt $e = \frac{s+U}{2}$

...rschnitt $e = s+U$

Mit Hilfe von stufig verstellbaren Widerständen, die vor den Schleifen des Oszillographen geschaltet waren, konnte die Anzeigeempfindlichkeit den Schneidkräften angepaßt werden. Somit konnte der Registrierstreifen in allen Fällen voll ausgenutzt und kleine Kräfte mit der gleichen Genauigkeit wie große gemessen werden.

Für die über 7000 geplanten und ausgeführten Versuche lohnte es sich, eine Vorrichtung zur Auswertung der Registrierstreifen des Schleifenoszillographen zu erstellen (Abb.50). Über den Meßtisch der Vorrichtung konnte der Registrierstreifen mit Hilfe von zwei Haspeln gezogen und die Schriebe mit fünf Maßstäben ausgemessen werden, die sich an einem parallel geführten Lineal befanden. Auf den Maßstäben waren die Kräfte angegeben, was die Auswertung vereinfachte.

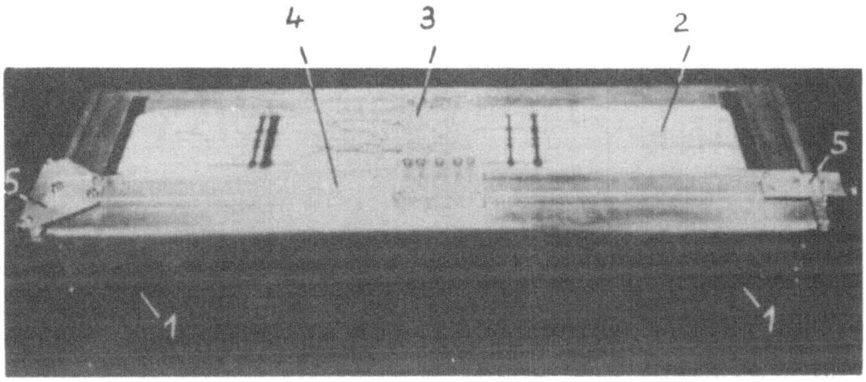

A b b i l d u n g 50

Auswertvorrichtung für Oszillographenstreifen

1 Haspel
2 Registrierstreifen
3 Maßstab
4 Lineal
5 Parallelführung des Lineals

Die Streuung der Meßergebnisse ist auf folgende Ursachen zurückzuführen:

a) Unterschiede im Versuchswerkstoff,
b) Ungenauigkeit der Werkzeugeinstellung,[7]
c) Ungenauigkeit der Meßvorrichtung,
d) Ungenauigkeiten bei der Versuchsauswertung.

Um den Fehler der Schneidkraftmessungen kennenzulernen, schnitten wir

7. Unterschiede längs der Schneidkanten beeinflussen das Schneidergebnis nicht, weil jeweils an der gleichen Stelle der Werkzeuge geschnitten wird (vgl. Anl.2)

α) 10 aus einer Blechtafel entstammende Proben mit unveränderter Einstellung der Werkzeuge,

β) 10 aus einer Blechtafel entstammende Proben, wobei vor jedem Schnitt die Vorrichtung verstellt und wieder auf den vorherigen Wert eingestellt wurde.

Das Ergebnis gemäß α) gibt den Fehler der Meßvorrichtung einschließlich der Auswertfehler an, das Ergebnis gemäß β) berücksichtigt zusätzlich die Ungenauigkeit der Einstellung, so daß der gefundene Fehler größer ist (Tab.8).

Tabelle 8

Ungenauigkeit der Messung der Hauptschneidkraft

Abweichungen / Versuchs-Vorrichtung	Einstellung gleich		Einstellung verändert	
	M [%]	m [%]	M [%]	m [%]
Kreismesserschnitt	7	± 2	15	± 5
Kreis-Langmessersch.	8	± 3	17	± 7

M_α, M_β = größte Abweichung vom Mittelwert von 10 Messungen in % des Meßwertes

m_α, m_β = mittlerer Fehler der Einzelmessung von 10 Messungen in % des Meßwertes

Auswertung

Die tabellierten Meßergebnisse wurden nach dem in Anlage 1 angegebenen Weg in Schaubildern aufgetragen, von denen jedes den Haupteinfluß einer der untersuchten Einflußgrößen angibt, während die zwischen den Größen bestehenden Wechselwirkungen durch Parameterkurven berücksichtigt werden.

In den Fällen, in denen sich im linear einfach logarithmisch oder doppelt logarithmisch geteilten Papier lineare Zusammenhänge ergaben, wurden die Meßergebnisse nach dem Verfahren der kleinsten Quadrate ausgeglichen und die Regressionskoeffizienten bestimmt.

Um die verschiedenen Einflußgrößen in ihrer Einwirkung auf die Bestimmungsgrößen untereinander vergleichen zu können und zu entscheiden, ob Wechselwirkungen zwischen Einflußgrößen im Sinne der Statistik "zufällig" oder gesichert (signifikant) sind, wurden immer dann, wenn Zweifel am Unterschied zweier Funktionen, Ausgleichskoeffizienten oder andere Maße bestanden, die Zufälligkeitskriterien der Statistik herangezogen.

Nach den in der technischen Statistik getroffenen Übereinkünften ist eine Abweichung, die mit einer statistischen Sicherheit von weniger als s = 95 % erschlossen ist, "zufällig". Eine Abweichung zweier oder mehrerer Maße gilt als gesichert (signifikant), wenn sie mit einer statistischen Sicherheit von mehr als s = 99 % erschlossen ist. Eine Abweichung, die mit einer statistischen Sicherheit zwischen s = 95 % und s = 99 % erschlossen ist, läßt zwar vermuten, daß sie nicht mehr zufällig ist, doch sind zur Entscheidung noch weitere Versuche erforderlich.

Dabei stellten die in der Statistik üblichen Verfahren der Streuungszerlegung [38, 40] eine wertvolle Hilfe dar, weil es durch sie möglich ist, mit geringem Rechenaufwand zu erkennen, wie stark die Einflußgrößen auf die Schneidkräfte einwirken und wieweit sie sich dabei gegenseitig beeinflussen, ohne die Zusammenhänge genauer zu kennen.

Ausgleichskoeffizienten wurden mit Hilfe der in der Statistik üblichen sogenannten t-Verteilung [38] überprüft.

Das ist eine Häufigkeitsverteilung, die im Gegensatz zur Verteilung nach GAUß nicht von der Grundgesamtheit, sondern allein von der Anzahl der Versuche abhängt. Wenn wenige Meßwerte vorliegen, eignet sie sich besser als erstere zum Vergleich.

Anlage 3

Ergebnisse der Hauptschneidkraftmessungen

Der Aufbau der Ausgangsgleichung (Gl.7/11) für die Hauptschneidkraft:

$$P_1 = (k_{s10})_V \cdot F_{so} \cdot \left(\frac{P_1(s)}{P_1(s_o)}\right)_{V,W} \cdot \left(\frac{P_1(\beta_a)}{P_1(\beta_{ao})}\right)_{V,W,\frac{s}{s_o}} \cdot \left(\frac{P_1(\frac{S}{R})}{P_1(\frac{S}{R})_o}\right)_{V,W,\frac{s}{s_o},\beta_a}$$

$$\cdot \left(\frac{P_1(\varphi_a)}{P_1(\varphi_{ao})}\right)_{V,W,\frac{s}{s_o},\beta_a,\frac{s}{R}} \cdot \left(\frac{P_1(\frac{U}{S})}{P_1(\frac{U}{S})_o}\right)_{V,W,\frac{s}{s_o},\beta_a,\frac{s}{R},\varphi_a}$$

$$\cdot \left(\frac{P_1(\frac{B}{S})}{P_1(\frac{B}{S})_o}\right)_{V,W,\frac{s}{s_o},\beta_a,\frac{s}{R},\varphi_a,\frac{u}{s}} \cdot \left(\frac{P_1(\vartheta_2)}{P_1(\vartheta_{20})}\right)_{V,W,\frac{s}{s_o},\beta_a,\frac{s}{R},\varphi_a,\frac{u}{s},\frac{B}{s}}$$

erlaubt es, den Einfluß der untersuchten Größen auf die Hauptschneidkraft einzeln zu verfolgen. Im folgenden werden die Teilfunktionen in der durch die Gleichung gegebenen Reihenfolge besprochen und der Nachweis für die dem Berechnungsschaubild (Abschn.4) zugrunde liegende Gleichung erbracht. Bei der Deutung der Ergebnisse helfen die im Abschnitt 3 zusammengestellten Erkenntnisse über den Schneidvorgang.

Einfluß der Blechdicke, des Werkstückstoffes und des Schneidverfahrens

Berücksichtigung in der Ausgangsgleichung:

$$P_{10} = (k_{s10})_V \cdot F_{so} \cdot \left(\frac{P_1\ (s)}{P_1\ (s_o)}\right)_{W,V}$$

Haupteinfluß:

Um den Einfluß der Blechdicke aufzuzeigen, wurden alle Meßwerte nach den vorher ermittelten Beziehungen zwischen der Hauptschneidkraft und den übrigen Einflußgrößen auf die Schneidkräfte bei den Bezugswerten umgerechnet und über die Blechdicke aufgetragen (Abb.51).

> Da, wie vorausgeschickt wird, zwischen dem Eingriffswinkel, dem bezogenen Schneidpunkt u/s und der bezogenen Stückbreite B/s sowie der Blechdicke keine Wechselwirkung festgestellt wurde, durften die in Abhängigkeit dieser Größen gemessenen Schneidkräfte gemittelt werden, so daß jeder für eine Werkzeugpaarung und einen Werkstückstoff eingetragene Versuchspunkt das Ergebnis von 10 bis 15 Meßwerten darstellt.

Die Hauptschneidkraft steigt im doppelt logarithmisch geteilten Funktionspapier linear an. Der Anstieg der Geraden ist kleiner als er auf Grund der Zunahme des Scherquerschnittes zu erwarten ist. Das erklärt

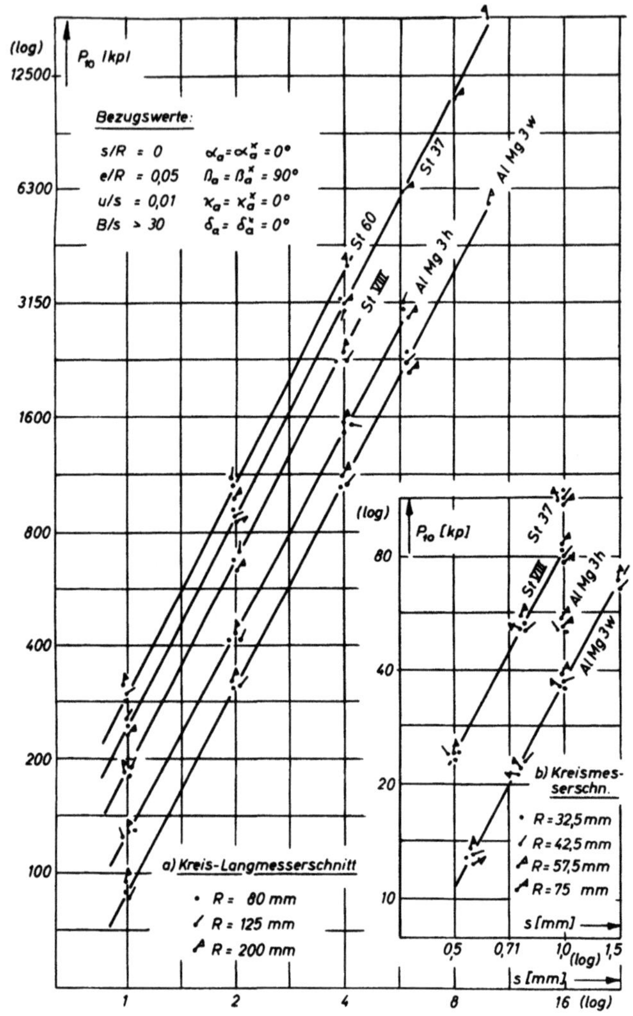

A b b i l d u n g 51

Spezifische Hauptschneidkraft in Abhängigkeit von der Blechdicke

sich durch den Verlauf der Schubspannungen in dem in Trennung befindlichen Werkstückquerschnitt, dessen Gefälle nach FREY [30] von den Schneidkanten zur Mitte des Werkstückes hin mit wachsender Blechdicke zunimmt. Hierdurch beginnt die Reißzone bei dicken Blechen nach relativ zur Blechdicke geringerer Eindringtiefe der Schneidkanten als bei dünnen Blechen, wodurch sich gemäß Abschnitt 3 der Werkstückstoff im Schneidquerschnitt weniger stark verformt und verfestigt.

Im Höhenversatz der für den Kreismesserschnitt und Kreis-Langmesserschnitt gefundenen Geraden (Abb.51) kommt der Einfluß des Werkstückstoffes zum Ausdruck. Sein spezifischer Schneidwiderstand folgt aus der Beziehung:

$$k_{s10} = \frac{(P_{10}) \text{ bei } s_o = 1 \text{ mm}}{F_{so}}$$

Nachdem im Abschnitt 3 gezeigt wurde, in wie verschiedener Weise der Schneidvorgang abläuft, erscheint es nicht verwunderlich, daß für die Berechnung der Schneidkraft keine feste Beziehung zwischen der Bruchfestigkeit und dem spezifischen Schneidwiderstand besteht. Bekanntlich hat man für Stahl bisher die sogenannte Scherfestigkeit = 0,8 . σ_B angegeben. Die Messungen am kreuzenden Schnitt zeigen, daß das Verhältnis zwischen Schneidwiderstand und Bruchfestigkeit bei den untersuchten Stahlwerkstoffen beim Kreis-Langmesserschnitt zwischen 1 und 1,3 und beim Kreismesserschnitt zwischen 0,7 und 0,9 schwankt (Tab.9). Hierbei gelten die kleineren Werte für Bleche mit höherer Bruchfestigkeit und geringerer Bruchdehnung.

Die gefundenen spezifischen Schneidwiderstände waren beim Kreismesserschnitt kleiner als beim Kreis-Langmesserschnitt und beim Langmesserschnitt. Die Ursache ist in dem unterschiedlichen Anteil des in Trennung befindlichen Querschnittes am ganzen zwischen den Werkzeugen befindlichen Werkstückquerschnitt zu erblicken, der gemäß Abschnitt 3 bei symmetrischen Schneidverhältnissen, wie sie beim hier untersuchten Kreismesserschnitt vorliegen, kleiner ist als beim Kreis-Langmesserschnitt und Langmesserschnitt. Wie schon in Abschnitt 4 angeführt, geht aus der Tatsache, daß für den Kreis-Langmesserschnitt und Langmesserschnitt sich gleiche spezifische Schneidwiderstände ergaben hervor, daß der unterschiedliche Bewegungsablauf der verglichenen Schneidverfahren sich auf die Schneidkräfte nur geringfügig auswirken kann.

Eine dreifache Streuungsanalyse mit der Blechdicke, dem Werkstückstoff und dem Kreismesserradius als Eingangsgrößen ergab, daß der Kreismesserradius sowohl beim Kreis-Langmesserschnitt als auch beim Kreismesserschnitt von der Blechdicke unabhängig die Hauptschneidkraft beeinflußt, wenn seine Einwirkung durch die dimensionslose Größe s/R berücksichtigt wird.

Andererseits deckte sie eine aus dem Schaubild (Abb.51) nicht vorauszusehende Wechselwirkung zwischen dem Werkzeugstoff und der Blechdicke auf, nach der die zum Schnitt von Stahlblechen erforderlichen Hauptschneidkraft mit der Blechdicke wenig stärker ansteigt als die zum Schnitt von Aluminium benötigte. Die Ursache dürfte in der geringeren Neigung der Aluminiumbleche zur Verfestigung liegen. Zwischen den verschiedenen Stahlblechsorten und Aluminiumblechsorten wurde jedoch kein gesicherter Unterschied in der Einwirkung der Blechdicke auf die Hauptschneidkraft festgestellt.

Tabelle 9

Anstiegswert q_s und spezifischer Schneidwiderstand k_{s10}

Werkstückstoff			Schneidverfahren	Anstiegswert		spez. Hauptschneidkraft	spez. Schneidwiderstand	
Benennung	σ_B [kg/mm²]	δ_b [%]		q_s	Mittelwert	P_{10}	k_{s10}	$\frac{k_{s10}}{\sigma_B}$
Stahl St 60	63,4	12,4	Kreis-Langmessersch.	1.81 ± 0,05		296 ± 18	59	0,93
Stahl St 37	43,7	17,1	Kreis-Langmessersch.	1,86 ± 0,03		244 ± 15	48,5	1,12
			Kreismesserschere	-		112 ± 7	46	1,06
					1,84			
Stahl St VIII	36	25,9	Kreis-Langmessersch.	1,84 ± 0,04		192 ± 5	38,4	1,07
			Kreismesserschere	1,81 ± 0,08		84 ± 6	34	0,95
Aluminium A Mg 3 h	28,7	10,3	Kreis-Langmessersch.	1,82 ± 0,02		126 ± 3	25,2	0,88
			Kreismesserschere	-		52 ± 2	21	0,74
					1,80			
Aluminium A Mg 3 w	21,1	12,9	Kreis-Langmessersch.	1,78 ± 0,02		90,5± 3	17,4	0,83
			Kreismesserschere	1,80 ± 0,08		36 ± 2	14,5	0,69

Eine Überprüfung der für den Kreismesserschnitt und den Kreis-Langmesserschnitt errechneten Exponenten durch t-Verteilung [38] wurde nachgewiesen, daß der Unterschied zwischen den Exponenten beider Verfahren kleiner ist als die Versuchsstreuung. Dieser Nachweis ist für die Verallgemeinerung des Versuchsergebnisses von großer Bedeutung, denn nun darf der auf der Kreismesserschere aus versuchstechnischen Gründen erfaßte Bereich der Hauptschneidkräfte zwischen 0,5 und 1 mm Blechdicke bis 10 mm und umgekehrt der an der Kreis-Langmesserschere von 1 bis 10 mm Blechdicke bestimmte Bereich bis zu 0,5 mm erweitert werden.

Teilfunktion:
Nach den Versuchen ergibt sich zur Berücksichtigung des Einflusses der Blechdicke und des Werkstückstoffes in der Hauptschneidkraftgleichung der vereinfachte Ausdruck

$$\frac{P_1(s)}{P_1(s_0)} = s^{q_s} \quad . \qquad \text{(Tab.9)}$$

Der spezifische Schneidwiderstand der Werkstückstoffe k_{s10V} ist vom Verfahren abhängig und der Exponent q_s vom Werkstückstoff. Nachdem zwischen den Stahlblechsorten und Aluminiumsorten keine gesicherten Unterschiede festgestellt wurden, durften die Exponenten gemittelt werden (Tab.9).

Einfluß des Messerkeilwinkels β (= β^x)

Berücksichtigt in der Ausgangsgleichung:

$$\left(\frac{P_1\ (\beta_a)}{P_1(\beta_{ao})}\right)W, \quad s/s_o$$

Haupteinfluß:
Die Hauptschneidkraft nimmt mit dem Messerkeilwinkel zu (Abb.52). Der Anstieg deckt sich mit dem von KLOTZ am Langmesserschnitt mit geraden Schneidkanten gefundenen und dürfte daher beim Kreismesserschnitt ebenso groß sein.

Wechselwirkung:
Der Verlauf der Teilfunktion war beim Schnitt verschieden dicker Bleche gleich, so daß die Meßpunkte aus jeweils 22 (Stahlblech) bzw. 12 (Aluminiumblech) Messungen gemittelt werden durften.

Auch der Unterschied zwischen den für Stahlblech und Aluminiumblech gefundenen Funktionen liegt innerhalb der Versuchsstreuung.

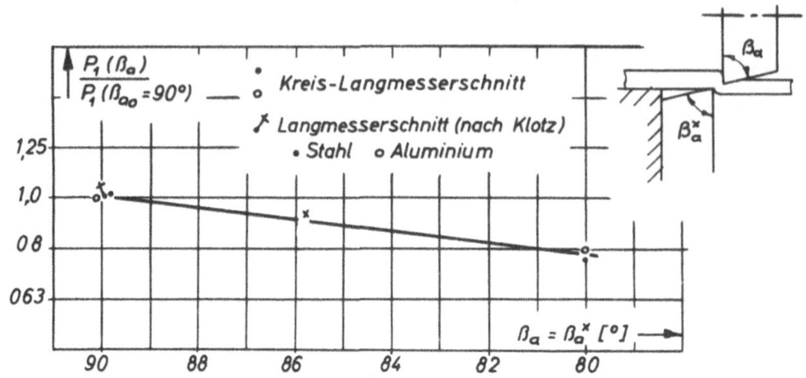

A b b i l d u n g 52

Hauptschneidkraft in Abhängigkeit vom Messerkeilwinkel
Kreis-Langmesserschnitt, Langmesserschnitt

Teilfunktion:

Nach den Versuchen ergibt sich für β_a die vereinfachte Teilfunktion:

$$\left(\frac{P_1(\beta_a)}{P_1(\beta_{ao})}\right) \qquad \text{(Abb.52)}$$

<u>Einfluß der Schneidkantenkrümmung</u>

Berücksichtigung in der Ausgangsgleichung:

$$\left(\frac{P_1(s/R)}{P_1(s/R)_o}\right) \quad V,\ W,\ s/s_o,\ \beta_a$$

Haupteinfluß:

Die Hauptschneidkraft nimmt bei beiden Verfahren mit zunehmendem Verhältnis s/R im einfach logarithmisch geteilten Funktionspapier linear zu (Abb.53). Die Versuchskurven konnten dadurch mit guter Genauigkeit bis zu einem Verhältnis s/R = 0, das dem Schnitt zwischen geraden Schneidkanten entspricht, verlängert werden und damit der Schnitt zwischen gekrümmten Schneidkanten auf den zwischen geraden Schneiden zurückgeführt werden.

Der Zuwachs der Schneidkraft erklärt sich durch die in Abschnitt 3 erklärte mit der Schneidenkümmung einhergehenden Zunahme der Verfestigung des Werkstückstoffes. Der Anstieg ist beim Kreismesserschnitt nicht so groß wie beim Kreis-Langmesserschnitt, weil gemäß Abschnitt 3 bei ersterem der Werkstoff nach geringerer Eindringtiefe einreißt und sich ein kleinerer Teil des zwischen den Schneidkanten befindlichen Werkstoffquer-

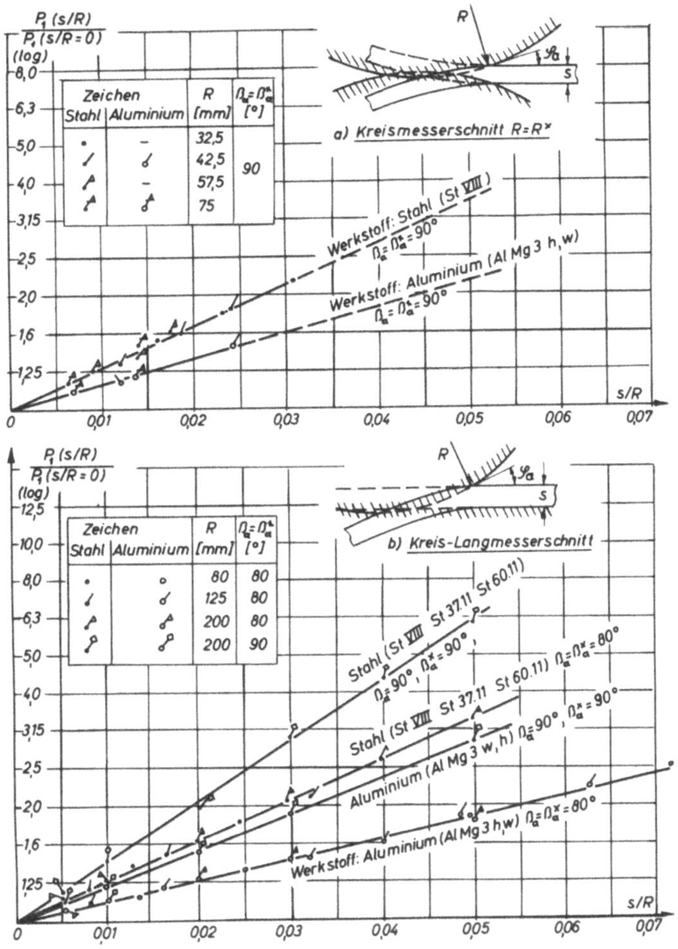

Abbildung 53

Hauptschneidkraft in Abhängigkeit von s/R

P.G.: e/R = 0,005; u/s = 0,01; B/s > 30

schnittes in Trennung befindet als bei letzterem, so daß sich die Schneidkantenkrümmung nicht so stark auswirken kann.

Die am Kreismesser- und Kreis-Langmesserschnitt aufgenommenen Geraden geben die obere und untere Grenze für die bezogenen Hauptschneidkräfte zwischen Kreismessern ungleichen Durchmessers an.

Wechselwirkungen:

Die in Abbildung 53 aufgezeichneten Meßpunkte wurden beim Schneiden verschiedener Blechdicken zwischen verschieden gekrümmten Schneidkanten gefunden und liegen bei sonst gleichen Schneidbedingungen beim Kreismesserschnitt als auch beim Kreis-Langmesserschnitt jeweils auf der gleichen Geraden. Daraus folgt, daß der Einfluß des Kreismesserradiusses beim Schnitt verschiedener Blechdicken gleich ist, wenn nur das Verhältnis aus Blechdicke zu Radius s/R gleich ist. Auf Grund des beim Kreis-Langmesserschnitt bis s/R = 0,075 erbrachten Nachweises gilt dieses auch bei Kreismesserschnitten mit s/R > 0,032, wie sie mitunter vorkommen.

Beim Schnitt der beiden Aluminiumblechsorten wurde mit zunehmendem Verhältnis s/R ein geringerer Kraftanstieg als beim Schnitt der drei Stahlblechsorten gefunden, wodurch bestätigt wird, daß die Werkstoffverfestigung den Kraftzuwachs verursacht; Aluminiumblech verfestigt sich bekanntlich nicht so stark wie Stahlblech.

Zwischen den verschiedenen Stahlblechsorten St 60, St 37 und St VIII und Aluminiumsorten Al Mg 3w, Al Mg 3 h war kein gesicherter Unterschied im Kurvenverlauf feststellbar, wie eine doppelte Streuungsanalyse mit den Werkstoffen und dem Verhältnis s/R als Eingangsgrößen zeigte.

Auch der Messerkeilwinkel β_a beeinflußt die Einwirkung von s/R auf die Hauptschneidkraft nachhaltig (Abb.53b). Ihm kommt damit beim Schnitt zwischen gekrümmten Schneidkanten eine größere Bedeutung zu als beim Schnitt zwischen geraden Schneidkanten. Sollen dicke Bleche zwischen verhältnismäßig kleinen Kreismessern geschnitten werden, so können die Schneidkräfte durch Verkleinerung von β_a herabgesetzt werden.

Teilfunktion:
Nach den Versuchen ergibt sich die vereinfachte Teilfunktion:

$$\left(\frac{P_1\ (s/R)}{P_1\ (s/R)}\right)_{V,\ (W),\ \beta_a} \qquad \text{(Abb.53)}$$

(W) = Wechselwirkung nur bei sehr unterschiedlichen Werkstoffen.

Sie kann durch die Exponentialfunktion

$$= e^{2,3\ \cdot\ q_{s/R}\ \cdot\ s/R} = 10^{q_{s/R}\ \cdot\ s/R}$$

$$q_{s/R} = f\ (W,\ V,\ \beta_a)$$

ersetzt werden, deren Exponent vom Werkstückstoff, dem Schneidverfahren und dem Messerkeilwinkel abhängig ist (Tab.10).

Einfluß des Eingriffswinkels

Berücksichtigung in der Ausgangsgleichung:

$$\left(\frac{P_1\ (\varphi_a)}{P_1\ (\varphi_{ao})}\right)_{V,\ W,\ s/s_o,\ \beta_a,\ s/R}$$

Tabelle 10

Hauptschneidkraft und Anstiegswert $q_{s/R}$

Werkstückstoff	Schneidverfahren	$\beta = \beta^x$	$q_{s/R}$
Stahl (St 60, St 37, St VIII)	Kreis-Langmesserschn.	80°	10,8
	Kreis-Langmesserschn.	90°	15,5
	Kreismesserschnitt	90°	11,3
Aluminium (A Mg 3 h,W)	Kreis-Langmesserschn.	80°	5,6
	Kreis-Langmesserschn.	90°	9,4
	Kreismesserschnitt	90°	7,2

Haupteinfluß:
Die Hauptschneidkräfte nehmen mit zunehmender Eingriffswinkel gemäß Abbildung 54 bei beiden untersuchten Schneidverfahren ab. Der Kurvenverlauf wird vornehmlich durch zwei gegenseitig wirkende Faktoren bestimmt:

a) Mit zunehmendem Eingriffswinkel verringert sich der zwischen den Werkzeugen befindliche Werkstückquerschnitt, was eine Verringerung der Schneidkraft zur Folge hat.

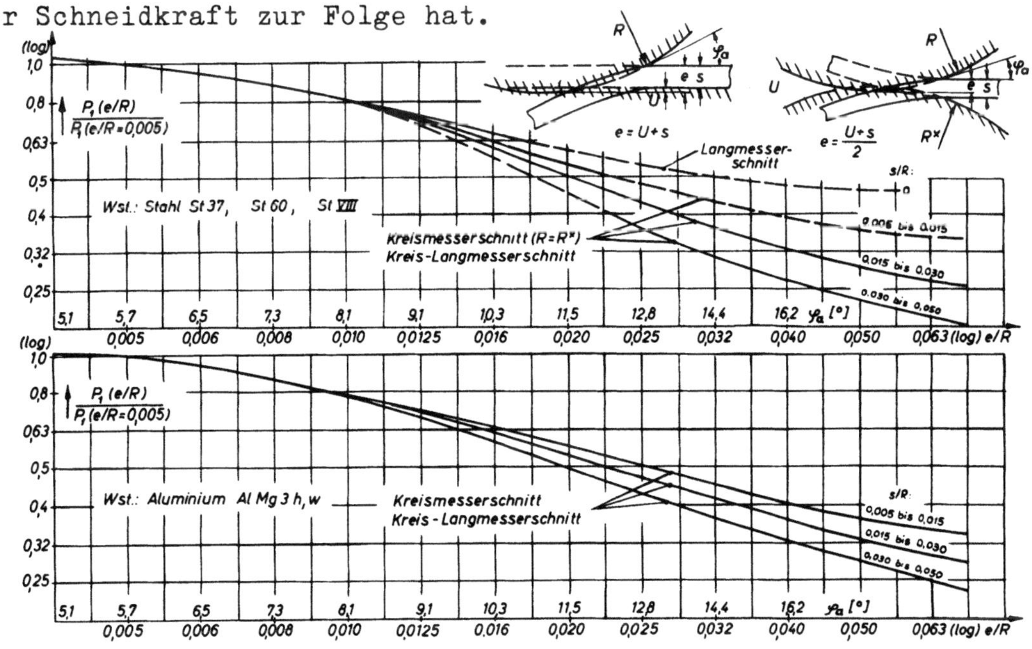

Abbildung 54

Hauptschneidkraft in Abhängigkeit von e/R bzw. φ_a
Langmesserschnitt ($R=R^x=\infty$), Kreis-Langmesserschnitt ($R^x=\infty$)
Kreismesserschnitt ($R=R^x$)

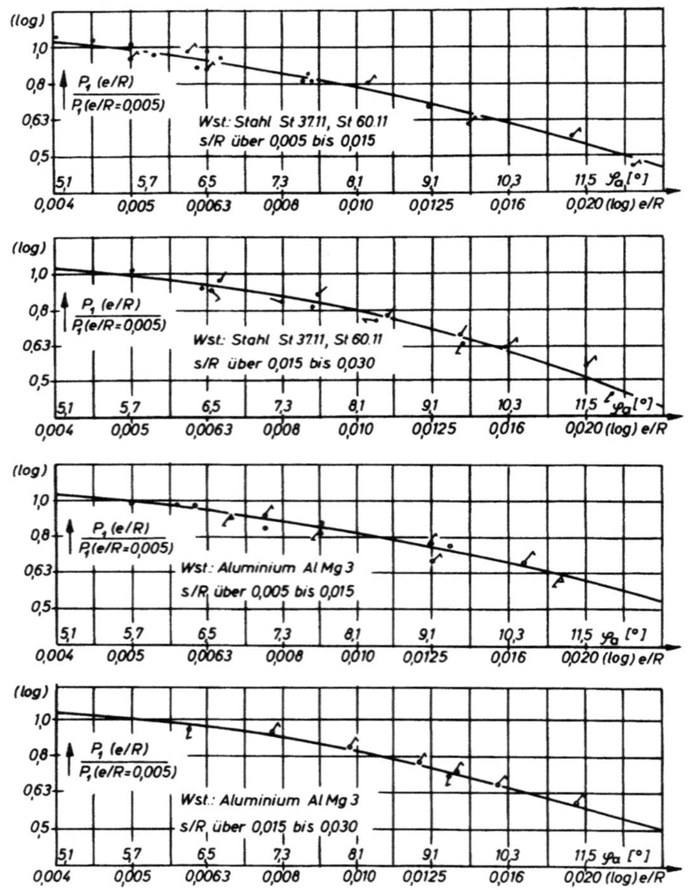

Abbildung 55

Hauptschneidkraft in Abhängigkeit von e/R bzw. φ_a

V: Kreismesserschnitt $R=R^x$; $\beta_a=\beta_a{}^x= 90^o$

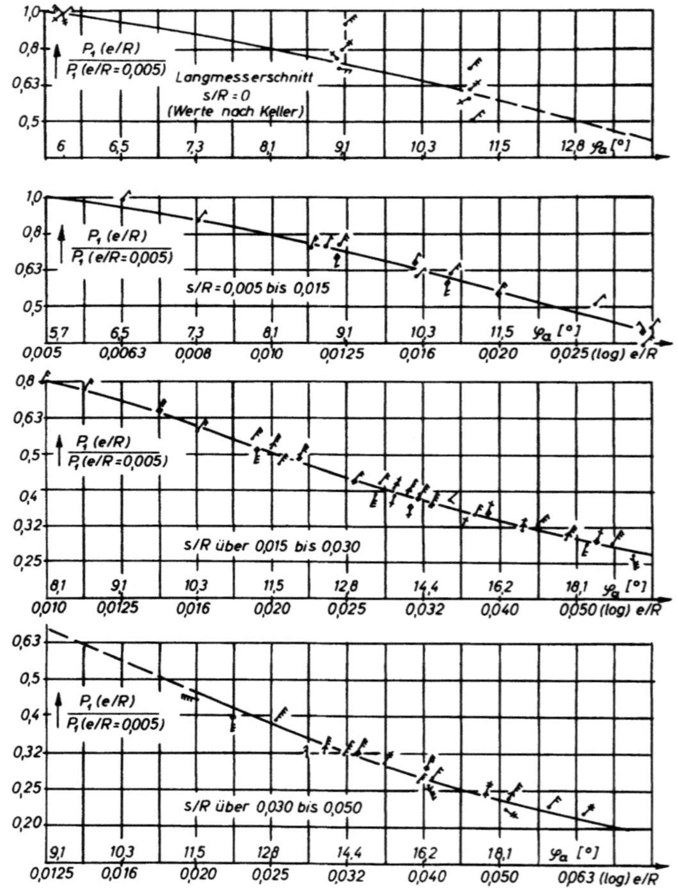

Abbildung 56

Hauptschneidkraft in Abhängigkeit von e/R bzw. φ_a

V: Kreis-Langmesserschnitt, Langmesserschnitt

Wst: Stahl St 60, St 37, St VIII

b) bei großen Eingriffswinkeln verfestigt sich der Werkstoff gemäß Abschnitt 3 mehr als bei kleinen, was eine Vergrößerung der Schneidkräfte zur Folge haben muß.

Da je nach dem Eingriffswinkel einmal der eine, das andere Mal der andere der beiden Faktoren das Übergewicht hat, erklärt sich der anfänglich flachere, dann steilere und wieder flachere Verlauf der Kurven.

Wechselwirkung:
Die an verschieden dicken Blechen in Abhängigkeit vom Eingriffswinkel gemessenen Hauptschneidkräfte liegen sowohl beim Kreismesserschnitt als auch beim Kreis-Langmesserschnitt auf den gleichen für s/R als Parameter gezeichneten Kurvenzügen (Abb.55 bis 57). Damit ist nachgewiesen, daß der

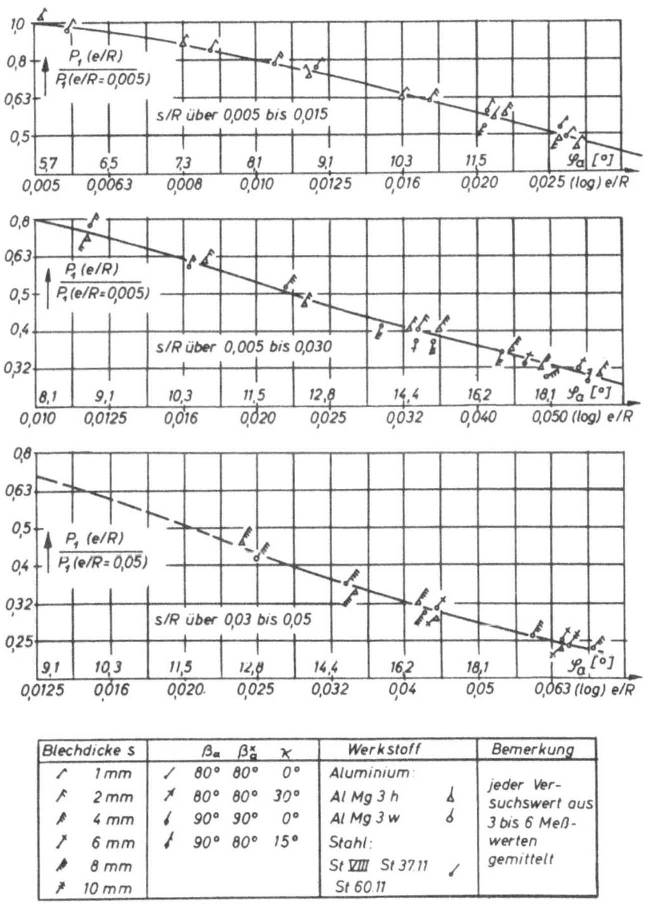

A b b i l d u n g 57

Hauptschneidkraft in Abhängigkeit von e/R bzw. φ_a

V: Kreis-Langmesserschnitt

Wst: Aluminium Al Mg 3 h, w

Eingriffswinkel und die Blechdicke voneinander unabhängig die Hauptschneidkraft beeinflussen. Das wird auch durch die Versuche von **KELLER** am Langmesserschnitt zwischen geraden Schneidkanten bestätigt, die, wie die übrigen Ergebnisse ausgewertet, in Abbildung 56 dargestellt sind.

Mit zunehmendem Verhältnis s/R nimmt die Hauptschneidkraft mit dem Eingriffswinkel stärker ab. Die für den Kreismesserschnitt und für den Kreis-Langmesserschnitt gefundenen Parameterkurven stimmen gut überein. Aus dieser Tatsache und weil die für den Langmesserschnitt zwischen geraden Schneidkanten (s/R = 0) gefundene Kurve sich gut in den Rahmen der Messungen einpaßt, darf geschlossen werden, daß sich der unterschiedliche Bewegungsablauf bei den drei Verfahren nicht auf den Einfluß des Eingriffswinkels auf die Hauptschneidkraft einwirkt. Danach besteht keine Wechselwirkung zwischen dem Neigungswinkel λ_a, dem Verhältnis s/r, s/r^x und dem Eingriffswinkel.

Für den Schnitt von Stahlblechen wurde ein stärkerer Abfall der Schneidkraft mit dem Eingriffswinkel gefunden als beim Schnitt von Aluminiumblechen (Abb.54), doch ergaben sich für die beiden Aluminiumblechsorten und Stahlblechsorten jeweils gleiche Kurven.

Versuche am Kreis-Langmesserschnitt zeigten, daß zwischen dem Messerkeilwinkel und dem Eingriffswinkel keine Wechselwirkung besteht.

Teilfunktion:

Nach den Versuchen ergibt sich für den Eingriffswinkel die vereinfachte Teilfunktion:

$$\left(\frac{P_1(\varphi_a)}{P_1(\varphi_{ao})}\right)\ (W),\ s/R \qquad \text{(Abb.54)}$$

(W) = Wechselwirkung nur bei sehr unterschiedlichen Werkstoffen,

Einfluß des Schneidspaltes

Berücksichtigung in der Ausgangsgleichung:

$$\left(\frac{P_1(u/s)}{P_1(u/s)_o}\right)\quad V,\ W,\ s/s_o,\ \beta_a,\ s/R,\ \varphi_a$$

Heupteinfluß:

Die Hauptschneidkraft fällt mit zunehmendem Schneidspalt ab (Abb.58). Die Ursache ist im Moment $P_1 \cdot a_3$ um eine parallel zur Schneidebene liegende Achse zu erblicken, durch das der Werkstoff in der Umgebung der Schneidkanten zusätzlich auf Zug beansprucht wird und nach weniger tiefem Ein-

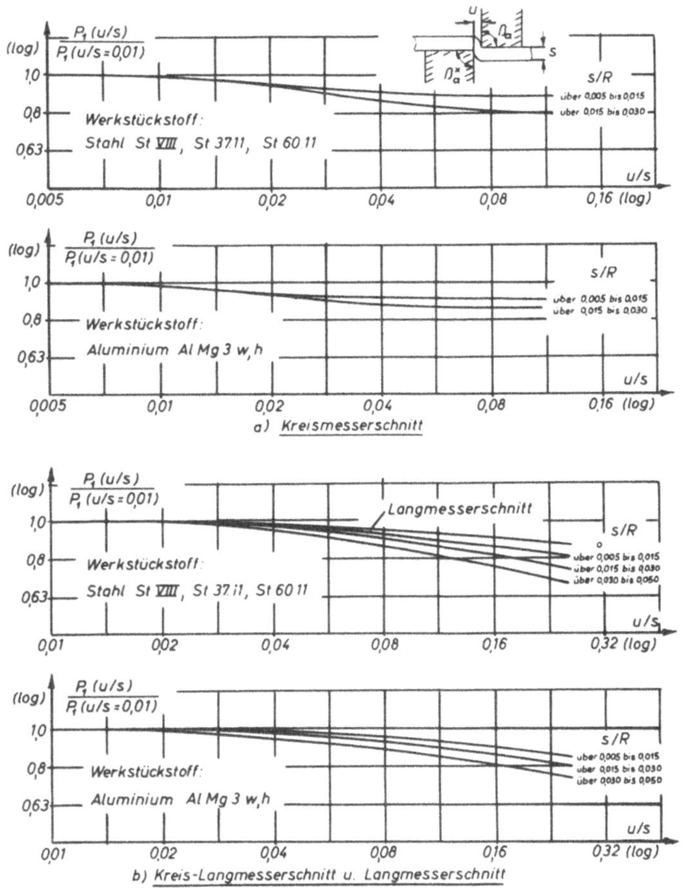

A b b i l d u n g   58

Hauptschneidkraft in Abhängigkeit vom Schneidspalt u/s

Kreismesserschnitt $R=R^x$, $\beta_a=\beta_a^x = 90^\circ$; Kreis-Langmesserschnitt

dringen der Schneiden einreißt. Das hat eine geringere Werkstoffverfestigung zur Folge, durch die die Schneidkräfte herabgesetzt werden.

Wechselwirkung:
Der Schneidspalt ist, wenn er auf die Blechdicke bezogen wird, in seinem Einfluß auf die Hauptschneidkraft gemäß Abbildung 59 bis 61 unabhängig von dieser.

Die mit wachsendem Schneidspalt einhergehende geringere Verfestigung des Werkstückstoffes wirkt sich bei großem Verhältnis s/R stärker aus als bei kleinem, so daß der stärkere Abfall der für große s/R gefundene Kurven durchaus verständlich ist.

Die von KELLER [11] am Langmesserschnitt zwischen geraden Schneidkanten gemessenen Schneidkräfte passen sich wie die in Abhängigkeit vom Eingriffswinkel ermittelten gut in den Rahmen der in der vorliegenden Arbeit gefundenen ein (Abb.58). Der Unterschied zwischen den am Kreis-

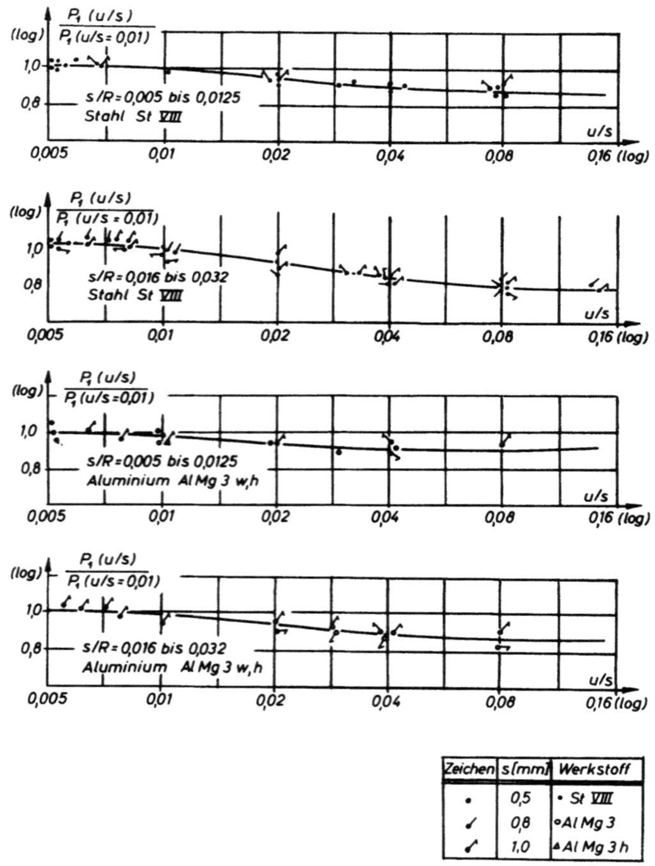

A b b i l d u n g 59

Hauptschneidkraft in Abhängigkeit vom Schneidspalt u/S

V: Kreismesserschnitt

Wst: Stahlblech, Aluminiumblech

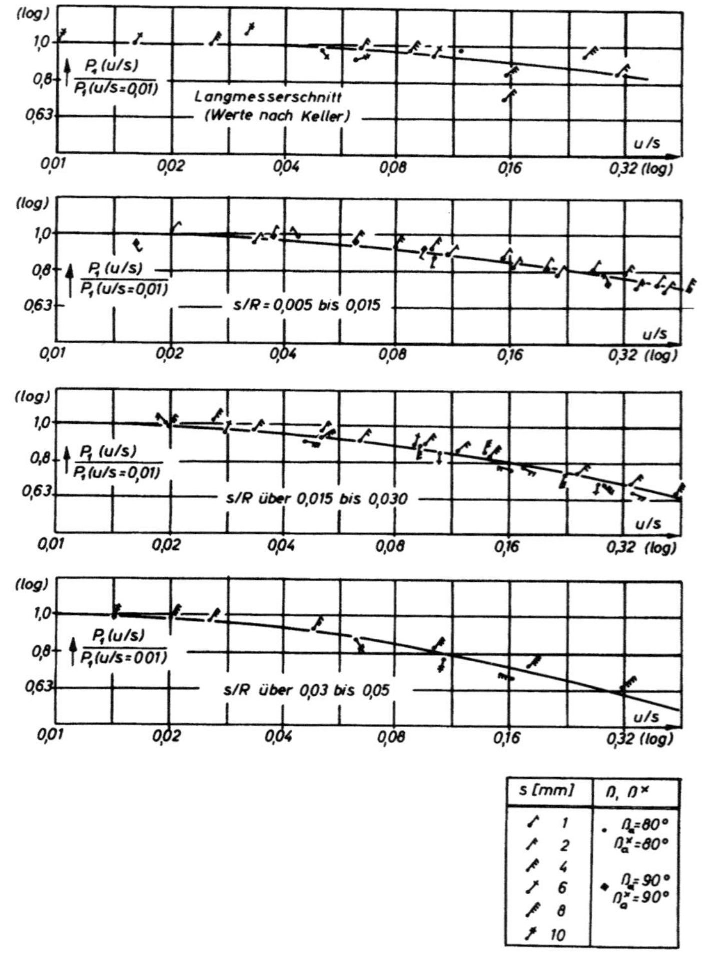

A b b i l d u n g 60

Hauptschneidkraft in Abhängigkeit vom Schneidspalt u/s

V: Kreis-Langmesserschnitt, Langmesserschnitt

W: Stahl St VIII, St 37, St 60; S=1 bis 10 mm

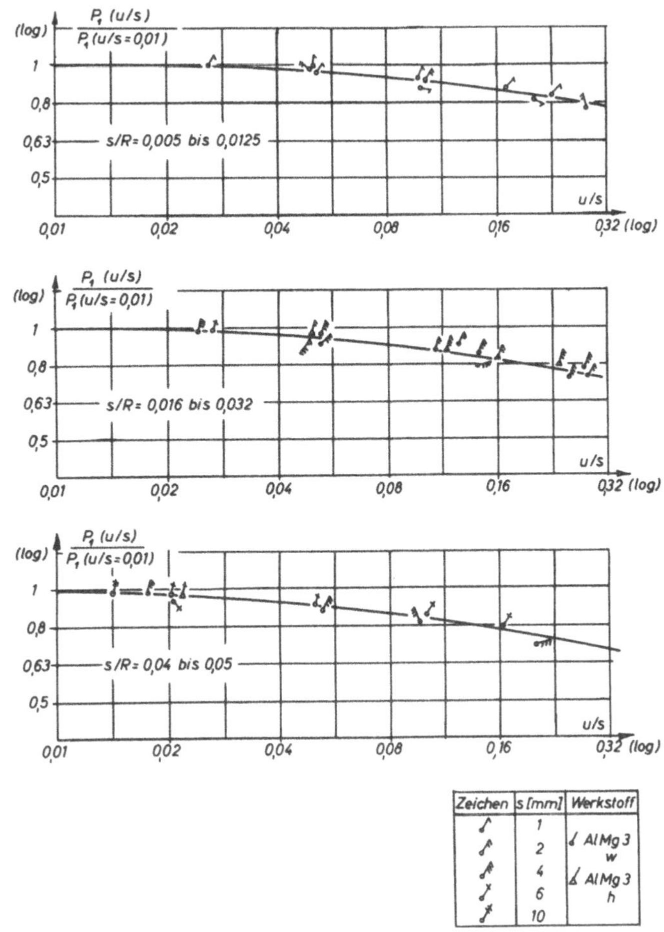

A b b i l d u n g 61

Hauptschneidkraft in Abhängigkeit vom Schneidspalt u/s

V: Kreis-Langmesserschnitt

Wkz: Aluminium

messerschnitt und Kreis-Langmesserschnitt ermittelten Kurvenverläufe ist auf die unterschiedliche Blechhaltung zurückzuführen. Durch die Rollenführung bei ersterem Verfahren kann sich das Blech unter dem Moment $P_1 \cdot a_3$ schräg zu den Schneidkanten stellen - senkrecht zur Schneidebene gesehen - wodurch sich der Schneidquerschnitt vergrößert und der Abfall der Schneidkraft ausgeglichen wird.

Beim Schnitt von Stahlblech ergab sich ein steilerer Abfall der Schneidkraft mit dem Schneidspalt als beim Schnitt von Aluminiumblech (Abb.58), doch wurde zwischen den Kurven, die für die einzelnen Stahlblech- und Aluminiumblechsorten gefunden wurden, kein gesicherter Unterschied festgestellt.

Zwischen dem Messerkeilwinkel, dem Eingriffswinkel und dem Schneidspalt ergab sich keine Wechselwirkung bezüglich der Hauptschneidkraft.

Teilfunktion:

Nach den Versuchen ergibt sich für den Schneidspalt die vereinfachte Teilfunktion

$$\left(\frac{P_1(u/s)}{P_1(u/s)_o}\right) \; V,\; (W),\; s/R \qquad \text{(Abb.58)}$$

(W) = Wechselwirkung nur bei sehr unterschiedlichen Werkstoffen.

<u>Einfluß der Stückbreite B</u>

Berücksichtigung in der Ausgangsgleichung:

$$\left(\frac{P_1(B/s)}{P_1(B/s)_o}\right) \; W,\; s/s_o,\; \beta_a,\; s/R,\; \varphi_a,\; u/s$$

Haupteinfluß:

Am Kreis-Langmesserschnitt wurde der Einfluß der Breite B des vom Kreismesser abgeschnittenen Schnitteils untersucht. Die auf die Blechdicke bezogene Stückbreite bestimmt gemäß Abschnitt 3 maßgeblich die Verformung der Schnitteile. Sie spiegelt sich im Kraftverlauf wider (Abb.62):

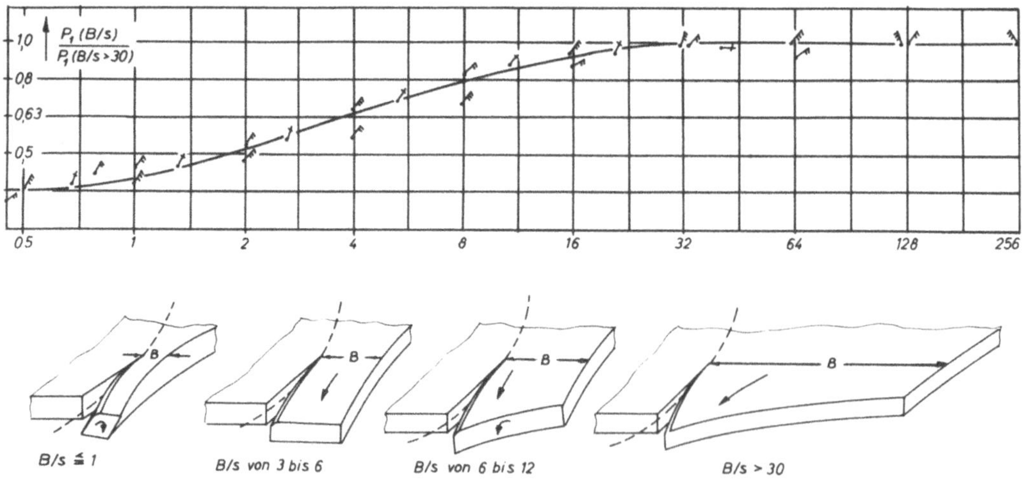

A b b i l d u n g 62

Hauptschneidkraft und Stückbreite

Kreis-Langmesserschnitt

Solange der Streifen noch so schmal ist, daß er sich zu einer Schraubenlinie aufrollt, bleibt die Hauptschneidkraft von der Streifenbreite nahezu unbeeinflußt. Wird die bezogene Streifenbreite über B/s = 0,5 bis 1 vergrößert, so nimmt der Anstieg der Hauptschneidkraft zunächst zu, während der Streifen sich um eine senkrecht zur Schneidebene stehende Achse verbiegt. Danach wird der Anstieg der bezogenen Hauptschneidkraft wieder kleiner, indes der Streifen sich mehr und mehr um eine zur Schneidebene parallele Achse verdreht. Bei breiten Schnitteilen verwölbt sich das Blech nur noch elastisch, die Hauptschneidkraft nimmt mit der Streifenbreite nicht weiter zu.

In diesem Zusammenhang wird auf die unterschiedliche Beanspruchung des Scherquerschnittes bei verschiedener Streifenbreite gemäß Abschnitt 3 hingewiesen. Dort wurde gezeigt, daß sich die Eindringzone mit zunehmender Streifenbreite gegenüber der Reißzone vergrößert, womit ebenfalls eine Erhöhung der Hauptschneidkraft verbunden ist, so daß neben den Biegekräften auch die zum eigentlichen Scheren erforderlichen Kräfte sich vergrößern. Dadurch wird der starke Zuwachs der Hauptschneidkräfte mit zunehmender Streifenbreite verständlich.

Die Stückbreite, von der ab kein Einfluß auf die Hauptschneidkraft mehr festgestellt wird, hängt vom Werkstückstoff und vom Verhältnis s/R ab. Sie liegt etwa zwischen B/s = 20 bis B/s = 60, wobei die kleineren Werte für den Schnitt von Stahlblech bzw. zwischen wenig gekrümmten Schneidkanten und die größeren für den Schnitt von Aluminiumblech bzw. zwischen stärker gekrümmten Schneidkanten gelten. Über B/s = 30 ist der Einfluß der Stückbreite auf die Hauptschneidkraft so gering, daß er bei der Schneidkraftberechnung vernachlassigt werden darf (Abb.63).

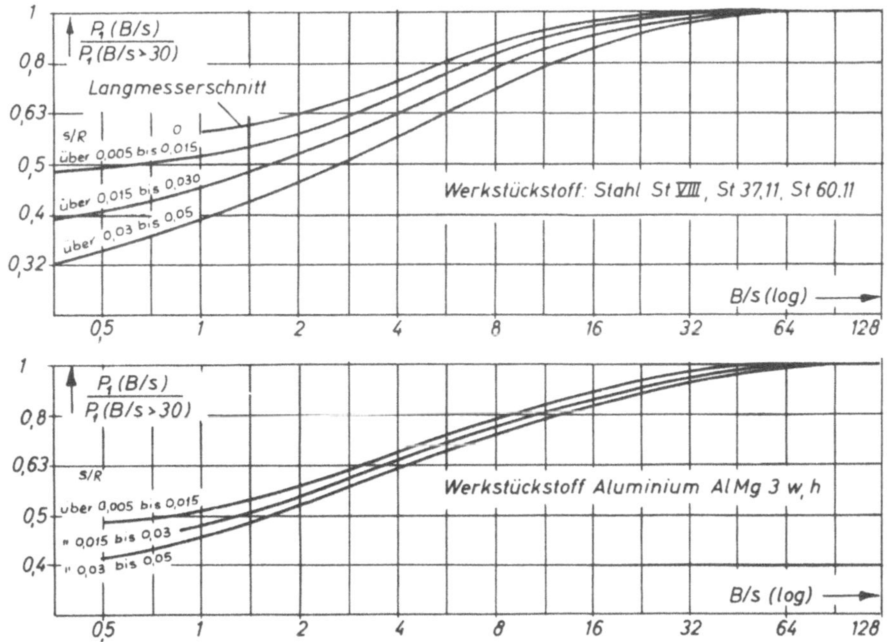

A b b i l d u n g 63

Hauptschneidkraft in Abhängigkeit von der bezogenen Streifenbreite B/s

V: Kreis-Langmesserschnitt, Langmesserschnitt

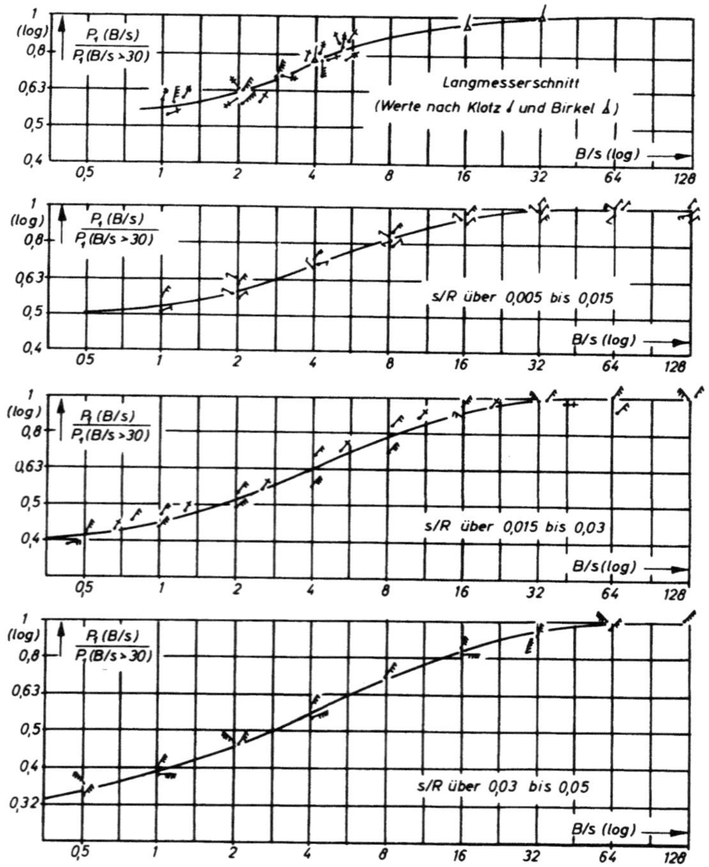

A b b i l d u n g 64

Hauptschneidkraft in Abhängigkeit von der bezogenen Streifenbreite B/s

V: Kreis-Langmesserschnitt u. Langmesserschnitt
Wst: Stahl St 60, St 37, St VIII

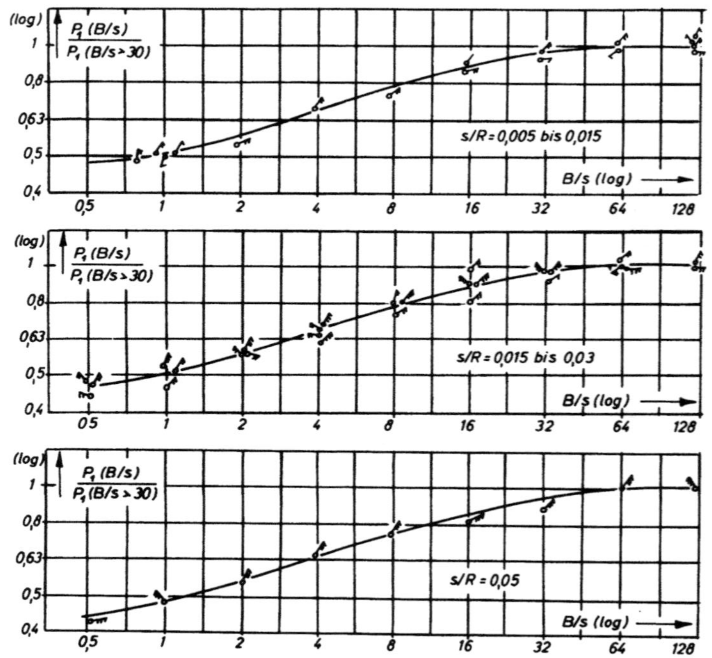

Blechdicke [mm]	Werkstückstoff	Bemerkungen
1	Stahl St 60.11	u/s = 0,01 bis 0,1
2	St 37.11	
4	St VIII	e/R = 0,005 bis 0,05
6	Aluminium	$\beta_a = \beta_a^x = 90°$
8	Al Mg 3 h, w	$\beta_a = \beta_a^x = 80°$
10		

A b b i l d u n g 65

Hauptschneidkraft in Abhängigkeit von der bezogenen Streifenbreite

V: Kreis-Langmesserschnitt
Wst: Aluminium Al Mg 3 h, w

Wechselwirkung:
Der Einfluß der auf die Blechdicke bezogenen Stückbreite ist gemäß Abbildung 64, 65 von der Blechdicke unabhängig. Mit wachsendem Verhältnis s/R nimmt die Hauptschneidkraft mit zunehmender Stückbreite stärker zu (Abb. 63). Das ist gemäß Abschnitt 3 eine Folge der Zunahme des im Schnitt befindlichen Werkstückquerschnittes, durch die sich die Schneidenkrümmung beim Schnitt breiter Streifen mehr auswirkt als beim Schnitt schmaler Streifen. Der am Langmesserschnitt zwischen geraden Schneidkanten (s/R = 0) von KLOTZ [10] und BIRKEL [12] gefundene Zusammenhang (Abb.63) zwischen Stückbreite und Hauptschneidkraft fügt sich gut in den Rahmen der vom Verfasser aufgestellten Kurven ein. Daraus darf wegen der unterschiedlichen Eingriffsverhältnisse noch nicht auf einen gleichartigen Verlauf beim Kreismesserschnitt geschlossenwwerden.

Auch wurde beim Schnitt von Stahlblechen ein stärkeres Wachsen der Hauptschneidkraft beobachtet als beim Schnitt von Aluminiumblechen, was auf die unterschiedliche Verfestigungsfähigkeit beider Werkstoffe zurückzuführen ist. Zwischen den für die Stahl- und Aluminiumblechsorten gefundenen Kurven wurde kein gesicherter Unterschied festgestellt.

Die beim Schnitt mit einem Kreismesserhalbmesser bei verschiedenem Schneidspalt und Messerüberdeckung angestellten Messungen ließen keine Wechselwirkung zwischen diesen Größen und der Stückbreite bezüglich der Hauptschneidkraft erkennen. Auch wurde keine gegenseitige Beeinflussung zwischen dem Messerkeilwinkel und der Stückbreite beobachtet.

Teilfunktion:
Nach den Versuchen ergibt sich für die Stückbreite die vereinfachte Teilfunktion:

$$\left(\frac{P_1\,(B/s)}{P_1(B/s)_o}\right) V,\ (W),\ s/R \qquad \text{(Abb.63)}$$

(W) = Wechselwirkung nur bei sehr unterschiedlichen Werkstoffen.

Fortschreitgeschwindigkeit

Berücksichtigung in der Ausgangsgleichung

$$\left(\frac{P_1(v_2)}{P_1(v_{20})}\right) V,\ W,\ s/s_o,\ \beta_a,\ s/R,\ \varphi_a,\ u/s,\ B/s = 1 \qquad \text{(Abb.66)}$$

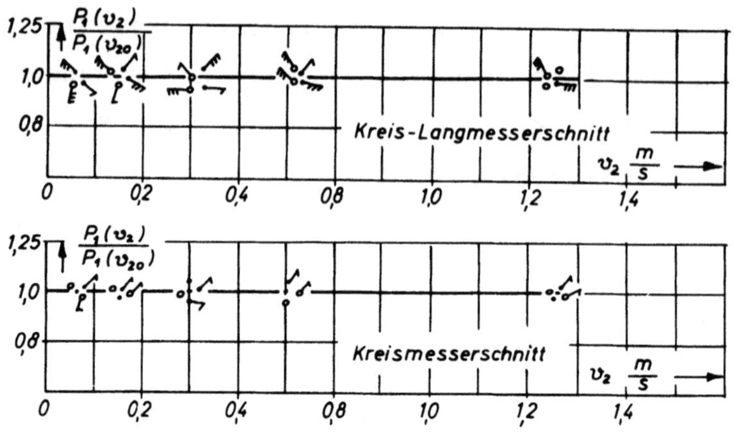

A b b i l d u n g 66

Hauptschneidkraft in Abhängigkeit von der Fortschreitgeschwindigkeit v_2

V: Kreis-Langmesserschnitt, Kreismesserschnitt

Haupteinfluß:

Die Fortschreitgeschwindigkeit beeinflußt gemäß Abbildung 66 weder beim Kreismesserschnitt noch beim Kreis-Langmesserschnitt im untersuchten Bereich (0,08 bis 1,25 m/s) die Hauptschneidkraft.

Damit darf die Teilfunktion gleich 1 gesetzt werden.

Dipl.-Ing. Hans-Joachim Crasemann

Literaturverzeichnis

[1] STROPPEL, Th. — Was weiß man heute vom Schneiden? RKTL-Schrift H 91 S.78-97, Berlin 1939

[2] KIENZLE, O. — Der Vorgang des Schneidens, Microtechnik X 1956 Nr.6 S.261

[3] TIMMERBEIL, Fr.W. — Untersuchungen des Schneidvorganges bei Blech, insbesondere beim geschlossenen Schnitt, Dissertation Technische Hochschule Hannover 1956

[4] LEHMANN, Th. — Betrachtungen zum Schneidvorgang im Hinblick auf die Erzielung sauberer Schnitte, (noch nicht veröffentlicht)

[5] BACH, E.L. — Die Spannungen unter einem kreisrunden Stempel, Dissertation Technische Hochschule Karlsruhe 1923

[6] KIENZLE, W. — Verschleißmerkmale beim Schneiden von Stahlfeinblechen zwischen Stempel und Schnittplatte, Dissertation Technische Hochschule Hannover 1957

[7] DIES, R. und STROMBERGER — Untersuchungen über die Kraft-, Temperatur-, Reibungs- und Verschleißverhältnisse beim Lochen von Blechen mit runden Stempeln, Blech 1955 H. 12 S. 141/151

[8] KELLER, F. — Messungen zum Einfluß des Schneidspaltes auf Kraftbedarf und Schnittarbeit beim Lochen von Stahlblech, Werkstatt und Betrieb 84 (1951), H.2 S.67/73

[9] KRABBE — Einfluß der Verwendung von Heimstoffen auf den Bau von Stanzerei-Werkzeugen, Maschinenbau und Betrieb Bd.15 (1936) Heft 19/20, S.539/40

[10] KLOTZ — Versuche über Kraft- und Arbeitsbedarf beim Schneiden von Blech mittels Schere, Dissertation Technische Hochschule Karlsruhe 1925

[11] KELLER, F. — Untersuchung des Kraftbedarfes beim scherenden Schneiden längs einer geraden Schnittlinie, Werkstatt und Betrieb 82 (1949) Heft 5 S.165/171

[12] BIRKLE, H. Die Scherkraft bei Blechtafelscheren, Werkstattstechnik und Werksleiter 37 (1943) Heft 1/2, S.23/25

[13] CHANG, T.M. und H.W. SWIFT Shearing of Metal Bars in the Journal of the Institute of Metals, Volumen LXXVIII, London 1950-51, S.119

[14] LUEG, W. und H.-G. MÜLLER Kraft- und Arbeitsbedarf beim Warmscheren von Stahl in Abhängigkeit von Temperatur und Schnittgeschwindigkeit, Stahl und Eisen 76 (1956) Heft 17, S.887/96

[15] dies. Formänderungsverhalten von Stahl C 45 beim Stauchen und Scheren in Abhängigkeit von Temperatur und Formänderungsgeschwindigkeit, Archiv für Eisenhüttenwesen 28 (1967) Heft 8 S. 505/16

[16] SCHLESINGER, G. Die Werkzeugmaschinen, Verlag Springer Berlin 1936 Bd. 1, S.41/44

[17] FLENDER Ermittlung der Hauptberechnungsarten für Blechscheren nach Kurventafeln, Werkstatt und Betrieb (1915) S.97

[18] KELLER Untersuchungen beim scherenden Schneiden mit abgerundeten Schneidkanten, Fertigungstechnik 1954 H.1 S.15/21

[19] REICHEL, W. Neue Grundlagen für die Kraft- und Leistungsermittlung von Tafelscheren, Industrie-Anzeiger, Ausg. Werkzeugmaschine und Fertigungstechnik
Nr. 73/74 (1952) S. 92/94 und
Nr. 90 (1952) S. 8/19

[20] ders. Zur Technologie des Scherens, Blech 1955, H. 3 S.12

[21] Bericht in der Zeitung Technische Rundschau, Berlin, 9.XII.1949

[22] LEBEN, H. Der Schnittwinkel bei Blechtafelscheren, Werkstatt und Betrieb 85.Jahrgang (1952) Heft 4, S.151

[23] STANKOVIC, P. Der Scherwiderstahd bei Trennung von kreisförmigen Werkstoffen in Abhängigkeit von der Messerform und den Bearbeitungsbedingungen, Scientific Works of the Faculty of Mechanical Engineering 1954-55, Beograd 1956 S.119/128

[24] WÜTHERICH Neue Erkenntnisse über den ziehenden Schnitt, Werkstatt und Betrieb 90 (1957) H.8, S.490/492

[25] PETERS, K.H. — Das Abschneiden, Sicken und Formen von Ziehteilen auf der Blechschneidemaschine, Industrie-Anzeiger 79 (1957) Nr.69,S.1045/46

[26] FLYNN, F.E. und D.A. MAC ARTHUR — Shearing Flat Rolled Steel, Iron and Steel Engineer (1944) Dep. S.3/30

[27] HAUFE, W. — Beanspruchung von Blechscherenmessern und zweckmäßige Stahlauswahl, Industrie-Anzeiger 79 (1957) Nr.14, S.178-181, S.311-314

[28] KIENZLE, O. — Vorlesungen über Umformtechnik

[29] ders. — Die Grundsätze der Fertigungstechnik, Werkstattstechnik und Maschinenbau 46 J. (1956) Heft 5, S.204-209

[30] FREY, K. — Einige Gesichtspunkte für die Herstellung und Gestaltung der Prüfkörper aus Kunststoffen für mechanische Materialprüfungen, Z. Kunststoffe Bd. 42 (1952) H.8,S.127-222

[31] PÖSCHEL, Th. — Elementare Festigkeitslehre, 2.Aufl., Springer Berlin/Göttingen, Heidelberg 1952

[32] WEBER, M. — Das allgemeine Ähnlichkeitsprinzip der Physik, Jahrbuch der Schiffsbautechnischen Gesellschaft 31 (1931) S.274...354

[33] LEHMANN, Th. — Ähnlichkeitsbeziehungen beim Entwerfen von Umformmaschinen, Vortrag auf dem 6.Hochschulkolloquium über Werkzeugmaschinen der Umformtechnik der Technischen Hochschule Hannover (noch nicht veröffentlicht)

[34] GOERENS, P. — Einführung in die Metallographie 4 Bde., Leipzig Akad.Verlagsges. 1934

[35] MATTING, A, — Ein neues Ätzmittel für die Gefügeuntersuchung, Autogene Metallbearbeitung 27 (1934) S.353-355

[36] KIENZLE, O. und H. VICTOR — Zerspanungstechnische Grundlagen für die kräftemäßige Berechnung und den Einsatz von Drehbänken, Hobelmaschinen und Bohrmaschinen, Werkstattstechnik und Maschinenbau 46 (1956) S.283...289

[37] VON SANDEN, H. — Praktische Mathematik (Teubners mathematische Leitfäden Band 44) 2.Aufl.,Leipzig 1951

[38] LINDNER, A. Planen und Auswerten von Versuchen. Basel/Stuttgart 1953 (Lehrbücher und Monographien aus dem Gebiete der exakten Wissenschaften, Reihe der Experimentellen Biologie Bd.13)

[39] ders. Statistische Methoden für Naturwissenschaften, Mediziner und Ingenieure, 2.Aufl. 1951

[40] RUTHMANN, A. Diplomarbeit über statistische Methoden der Auswertung technischer Versuche (Diplomarbeit am Lehrstuhl für Fabrikanlagen der Technischen Hochschule Hannover)

FORSCHUNGSBERICHTE DES LANDES NORDRHEIN-WESTFALEN

Herausgegeben durch das Kultusministerium

EISENVERARBEITENDE INDUSTRIE

HEFT 39
Forschungsgesellschaft Blechverarbeitung e. V., Düsseldorf
Untersuchungen an prägegemusterten und vorgelochten Blechen
1953, 46 Seiten, 34 Abb., DM 9,50

HEFT 43
Forschungsgesellschaft Blechverarbeitung e. V., Düsseldorf
Forschungsergebnisse über das Beizen von Blechen
1953, 48 Seiten, 38 Abb., 3 Tabellen, DM 11,30

HEFT 51
Verein zur Förderung von Forschungs- und Entwicklungsarbeiten in der Werkzeugindustrie e. V., Remscheid
Untersuchungen an Kreissägeblättern für Holz, Fehler- und Spannungsprüfverfahren
1953, 50 Seiten, 23 Abb., DM 10,—

HEFT 56
Forschungsgesellschaft Blechverarbeitung e. V., Düsseldorf
Untersuchungen über einige Probleme der Behandlung von Blechoberflächen
1954, 52 Seiten, 42 Abb., DM 11,20

HEFT 60
Forschungsgesellschaft Blechverarbeitung e. V., Düsseldorf
Untersuchungen über das Spritzlackieren im elektrostatischen Hochspannungsfeld
1954, 82 Seiten, 53 Abb., 7 Tabellen, DM 17,—

HEFT 61
Verein zur Förderung von Forschungs- und Entwicklungsarbeiten in der Werkzeugindustrie e. V., Remscheid
Schwingungs- und Arbeitsverhalten von Kreissägeblättern für Holz
1954, 54 Seiten, 31 Abb., DM 11,40

HEFT 65
Fachverband Schneidwarenindustrie, Solingen
Untersuchungen über das elektrolytische Polieren von Tafelmesserklingen aus rostfreiem Stahl
1954, 90 Seiten, 38 Abb., 9 Tabellen, DM 17,35

HEFT 87
Gemeinschaftsausschuß Verzinken, Düsseldorf
Untersuchungen über Güte von Verzinkungen
1954, 68 Seiten, 56 Abb., 3 Tabellen, DM 15,30

HEFT 98
Fachverband Gesenkschmieden, Hagen
Die Arbeitsgenauigkeit beim Gesenkschmieden unter Hämmern
1955, 132 Seiten, 55 Abb., 9 Tabellen, DM 24,75

HEFT 116
Prof. Dr.-Ing. E. Siebel und Dr.-Ing. H. Weiss, Stuttgart
Untersuchungen an einigen Problemen des Tiefziehens — I. Teil
1955, 74 Seiten, 50 Abb., 6 Tabellen, DM 14,50

HEFT 117
Dr.-Ing. H. Beißwänger, Stuttgart und Dr.-Ing. S. Schwandt, Trier
Untersuchungen an einigen Problemen des Tiefziehens — II. Teil
1955, 92 Seiten, 34 Abb., 8 Tabellen, DM 17,70

HEFT 150
Prof. Dr.-Ing. O. Kienzle und Dipl.-Ing. F. W. Timmerbeil, Hannover
Das Durchziehen enger Kragen an ebenen Fein- und Mittelblechen
1955, 52 Seiten, 20 Abb., 8 Tabellen, DM 11,30

HEFT 177
Dipl.-Ing. H. Stüdemann, Solingen und Dr.-Ing. W. Müchler, Essen
Entwicklung eines Verfahrens zur zahlenmäßigen Bestimmung der Schneideigenschaften von Messerklingen
1956, 104 Seiten, 68 Abb., 4 Tabellen, DM 22,20

HEFT 224
Dipl.-Ing. H. Stüdemann und Ing. R. Beu, Solingen
Verfahren zur Prüfung der Korrosionsbeständigkeit von Messerklingen aus rostfreiem Stahl
1956, 82 Seiten, 28 Abb., DM 16,90

HEFT 225
Dr.-Ing. E. Barz, Remscheid
Der Spannungszustand von Gattersägeblättern
1956, 74 Seiten, 54 Abb., DM 16,50

HEFT 277
Dr.-Ing. W. Müchler, Essen
Untersuchung und zahlenmäßige Bestimmung der Schneideigenschaften von Messern mit besonderer Berücksichtigung rostfreier Messerstähle
1956, 60 Seiten, 27 Abb., 5 Tabellen, DM 13,20

HEFT 283
Prof. Dr. F. Wever und Dr.-Ing. W. Lueg, Düsseldorf
Warmstauchversuche zur Ermittlung der Formänderungsfestigkeit von Gesenkschmiede-Stählen
1956, 44 Seiten, 19 Abb., DM 9,90

HEFT 285
Prof. Dr.-Ing. O. Kienzle, Dr.-Ing. K. Lange, Hannover und Dipl.-Ing. H. Meinert, Osterode
Einfluß der Oberfläche auf das Verschleißverhalten von Schmiedegesenken
1956, 62 Seiten, 29 Abb., 8 Tabellen, DM 14,60

HEFT 286
Dr.-Ing. K. Lange, Hannover, Dipl.-Ing. H. Meinert, Osterode, unter Mitarbeit von Dr.-Ing. H. Arend, Mülheim (Ruhr)
Verschleißverhalten hartverchromter Schmiedegesenke
1956, 74 Seiten, 53 Abb., 6 Tabellen, DM 17,65

HEFT 321
Prof. Dr. F. Wever, Düsseldorf und Dr. W. Wepner, Köln
Gleichzeitige Bestimmung kleiner Kohlenstoff- und Stickstoffgehalte im α-Eisen durch Dämpfungsmessung
1956, 30 Seiten, 3 Abb., 4 Tabellen, DM 6,80

HEFT 322
Prof. Dr.-Ing. F. Bollenrath und Dipl.-Ing. W. Domke, Aachen
Eigenspannungen in vergüteten, dickwandigen Stahlzylindern nach Oberflächenhärtung mit induktiver Erwärmung
1956, 30 Seiten, 9 Abb., 2 Tabellen, DM 6,90

HEFT 360
Dr.-Ing. E. Barz, Remscheid
Fertigungsverfahren und Spannungsverlauf bei Kreissägeblättern für Holz
1957, 68 Seiten, 40 Abb., DM 17,—

HEFT 367
Dr. rer. nat. D. Horstmann, Düsseldorf
Der Angriff eisengesättigter Zinkschmelzen auf kohlenstoff-, schwefel- und phosphorhaltiges Eisen
1957, 52 Seiten, 22 Abb., 6 Tabellen, DM 12,85

HEFT 375
Technischer Überwachungsverein e. V., Essen
Wanddickenmessungen mittels radioaktiver Strahlen und Zählrohrgerät
1958, 38 Seiten, 15 Abb., DM 9,55

HEFT 376
Technischer Überwachungsverein e. V., Essen
Wasserumlaufprobleme an Hochdruckkesseln
1958, 140 Seiten, 56 Abb., 8 Tabellen, DM 32,60

HEFT 377
Technischer Überwachungsverein e. V., Essen
Versuche an Wanderrostkesseln mit befeuchteter Verbrennungsluft
1958, 36 Seiten, 19 Abb., 2 Tabellen, DM 12,20

HEFT 395
Dipl.-Ing. L. Hahn, Clausthal-Zellerfeld
Untersuchungen zur Frage des optimalen Bohrloch- und Patronendurchmessers
1957, 132 Seiten, 49 Abb., 19 Tabellen, DM 31,25

HEFT 445
Dr.-Ing. E. Barz, Remscheid
Fertigungs- und Prüfverfahren für Feilen
vergriffen

HEFT 447
Prof. Dr.-Ing. F. Bollenrath, Aachen, Dr.-Ing. H. Füllenbach, Seesen/Harz und Dipl.-Ing. J. Schumacher, Neubeckum/Westf.
Entwicklung rationell arbeitender Spritzkabinen
1958, 44 Seiten, 26 Abb., DM 13,55

HEFT 473
Prof. Dr. phil. F. Wever, Dr.-Ing. W. Lueg und Dipl.-Ing. P. Funke jr., Düsseldorf
Versuche an einer hydraulischen 25 t-Stangenziehbank
1957, 34 Seiten, 11 Abb., DM 8,95

HEFT 557
Dr.-Ing. H. Schiffers, Dipl.-Ing. D. Ammann, Dipl.-Ing. E. Brugger und Dipl.-Ing. R. Dicke, Aachen
Härtbarkeit von Gußeisen mit Lamellen- und Kugelgraphit in Abhängigkeit von Zusammensetzung und Gefüge
1958, 30 Seiten, 24 Abb., 1 Tabelle, DM 11,—

HEFT 630
Prof. Dr. phil. W. Koch und Dr. techn. Dipl.-Ing. H. Malissa, Düsseldorf
Beiträge zur Spurenanalyse im Reinsteisen
1958, 26 Seiten, 8 Tabellen, DM 7,60

HEFT 639
Prof. Dr.-Ing. habil. K. Krekeler, Dr.-Ing. H. Peukert und Dipl.-Ing. O. Schwarz, Aachen
Auswertung der in- und ausländischen Literatur auf dem Gebiete des Metallklebens
1958, 152 Seiten, DM 37,80

HEFT 655
Dr. rer. pol. A. Th. Wuppermann, Leverkusen, Prof. Dr.-Ing. M. Pfender und Reg.-Rat Dipl.-Ing. E. Amedick, Berlin
Untersuchung des Einflusses von Oberflächenfehlern auf die Dauerhaltbarkeit von Kurbelwellen
1958, 48 Seiten, 101 Abb., 4 Tabellen, DM 10,—

HEFT 680
Prof. Dr. phil. W. Koch, Dr.-Ing. habil. A. Krisch und Dipl.-Phys. H. Rohde, Düsseldorf
Änderungen im Gefügeaufbau austenitischer Chrom-Nickel-Stähle bei Zeitstandversuchen von mehrjähriger Dauer
1959, 38 Seiten, 23 Abb., 5 Tabellen, DM 12,20

HEFT 681
Prof. Dr.-Ing. Dr.-Ing. E. h. H. Schenck und Dr.-Ing. W. Wenzel, Aachen
Die Reduktion von Eisenerzen im Elektro-Fließbett
1959, 76 Seiten, 20 Abb., 12 Tabellen, DM 19,60

HEFT 693
Prof. Dr.-Ing. O. Kienzle, Hannover
Einige Untersuchungen über das Schneiden von Blechen
1959, 56 Seiten, 54 Abb., 3 Tabellen, DM 17,40

HEFT 702
Prof. Dr. phil. W. Koch und Dipl.-Phys. Dr. rer. nat. H. Lüdering, Düsseldorf
Statistische Auswertung von Thomasroheisenproben guter und schlechter Verblasbarkeit
1959, 20 Seiten, 3 Abb., 3 Tabellen, DM 6,50

HEFT 703
Prof. Dr. phil. W. Koch und Dipl.-Phys. Dr. phil. H. Sundermann, Düsseldorf
Isolierungstechnische Untersuchungen an Thomasroheisen
1959, 28 Seiten, 16 Abb., 1 Tabelle, DM 9,—

HEFT 705

Dr.-Ing. K. E. Mayer, Dr.-Ing. H. Knüppel, Ing. A. Stumpf, Dortmund und Prof. Dr. phil. W. Koch, Düsseldorf

Wege zur automatischen Überwachung des Thomasverfahrens

1959, 56 Seiten, 20 Abb., 7 Tabellen, DM 14,80

HEFT 714

Prof. Dr.-Ing. W. Patterson, Aachen

Wirkung einer Gasspülung auf den Magnesiumverbrauch bei der Herstellung von Gußeisen mit Kugelgraphit

1959, 44 Seiten, 35 Abb., 14 Tabellen, DM 13,40

HEFT 728

Dr.-Ing. K. Spies, Dortmund

Die Zwischenformen beim Gesenkschmieden und ihre Herstellung durch Formwalzen

1959, 114 Seiten, 61 Abb., 1 Tabelle, DM 29,60

HEFT 740

Dr. rer. nat. D. Horstmann, Düsseldorf

Einfluß einiger Eisen- und Zinkbegleiter auf Größe und Art des Zinkangriffs auf Eisen

1959, 38 Seiten, 22 Abb., 1 Tabelle, DM 12,60

HEFT 741

Dipl.-Ing. H. Stüdemann, Dipl.-Ing. F. Esselborn und Ing. H. Hartmann, Solingen

Prüfung der Korrosionsbeständigkeit rostbeständiger Besteckbleche aus Chromstahl

1959, 32 Seiten, 30 Abb., 4 Tabellen, DM 10,30

HEFT 742

Dr.-Ing. E. Barz, Remscheid

Schneideigenschaften von schneidenden Zangen und Prüfverfahren

1959, 66 Seiten, 40 Abb., 4 Tabellen, DM 18,40

HEFT 757

Dr.-Ing. A. Schrader und Dr.-Ing. habil. A. Krisch, Düsseldorf

Mikroskopische Beobachtungen von Ausscheidungen in austenitischen und ferritischen Stählen nach dem Kriechversuch

1959, 22 Seiten, 22 Abb., 1 Tabelle, DM 8,60

HEFT 780

Prof. Dr. phil. F. Wever, Düsseldorf

Untersuchungen von Walzölen und Walzölemulsionen im Kaltwalzversuch

1959, 68 Seiten, 28 Abb., mehr. Tab., DM 18,50

HEFT 781

Dr.-Ing. E. Barz u. a.

Verformungseinflüsse bei der Feilenherstellung

1959, 65 Seiten, 39 Abb., DM 20,—

HEFT 840

Prof. Dr. phil. F. Wever, Dr.-Ing. H. G. Müller und Dr.-Ing. P. Funke, Düsseldorf

Versuchsmäßige und rechnerische Bestimmung von Walzkraft und Drehmoment unter Einwirkung von Bandzugspannungen beim Kaltwalzen von Bandstahl

1960, 36 Seiten, 12 Abb., 3 Tafeln, DM 10,90

HEFT 841

Dr. rer. nat. H. Blanck, Düsseldorf

Untersuchungen zur Kinetik des Martensitzerfalls

1960, 33 Seiten, 11 Abb., 2 Tabellen, DM 10,30

HEFT 848

Dipl.-Ing. H.-J. Stöter, Hannover

Untersuchung des Schmiedevorganges in Hammer und Presse, insbesondere hinsichtlich des Steigens

1960, 133 Seiten, 62 Abb., 8 Tabellen, DM 35,60

HEFT 876

Dir. Dipl.-Ing. H. Stüdemann und Dipl.-Ing. R. Both, Solingen

Untersuchungen über den Einfluß der Oberflächenbearbeitung auf das Korrosionsverhalten rostbeständiger Messerstähle

1960, 34 Seiten, 11 Abb., 4 Tabellen, DM 10,30

HEFT 889

Dipl.-Ing. W. Hufschmidt, Aachen

Die Eigenschaften von Rippenrohrluftkühlern im Arbeitsbereich der Klimaanlagen

HEFT 890

Dr.-Ing. H. Meyer, Hagen (Westf.)

Untersuchungen über den Umformvorgang in Waagerecht-Stauchmaschinen

GPSR Compliance

The European Union's (EU) General Product Safety Regulation (GPSR) is a set of rules that requires consumer products to be safe and our obligations to ensure this.

If you have any concerns about our products, you can contact us on ProductSafety@springernature.com

In case Publisher is established outside the EU, the EU authorized representative is:

Springer Nature Customer Service Center GmbH
Europaplatz 3
69115 Heidelberg, Germany

Batch number: 10585057

Printed by Printforce, the Netherlands